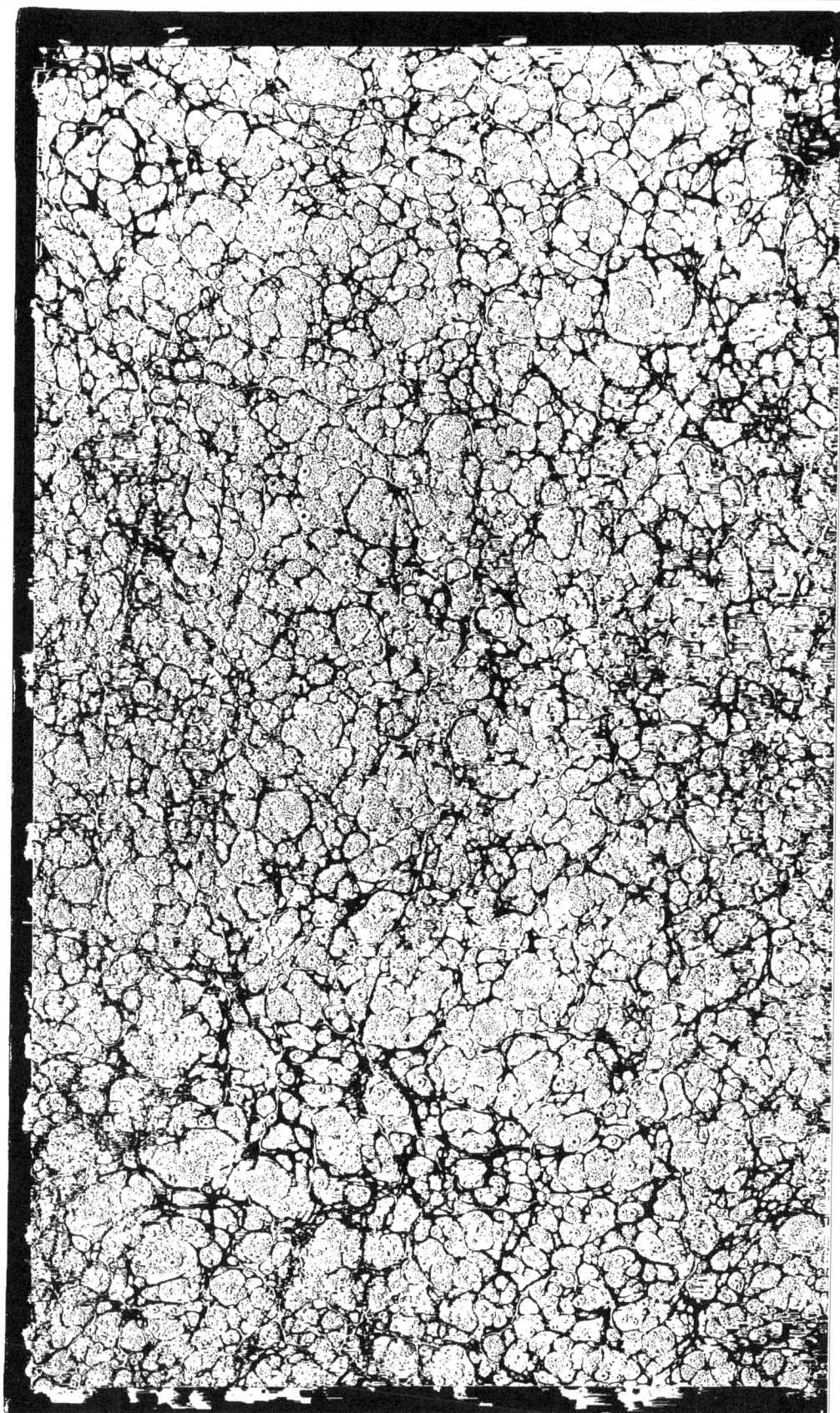

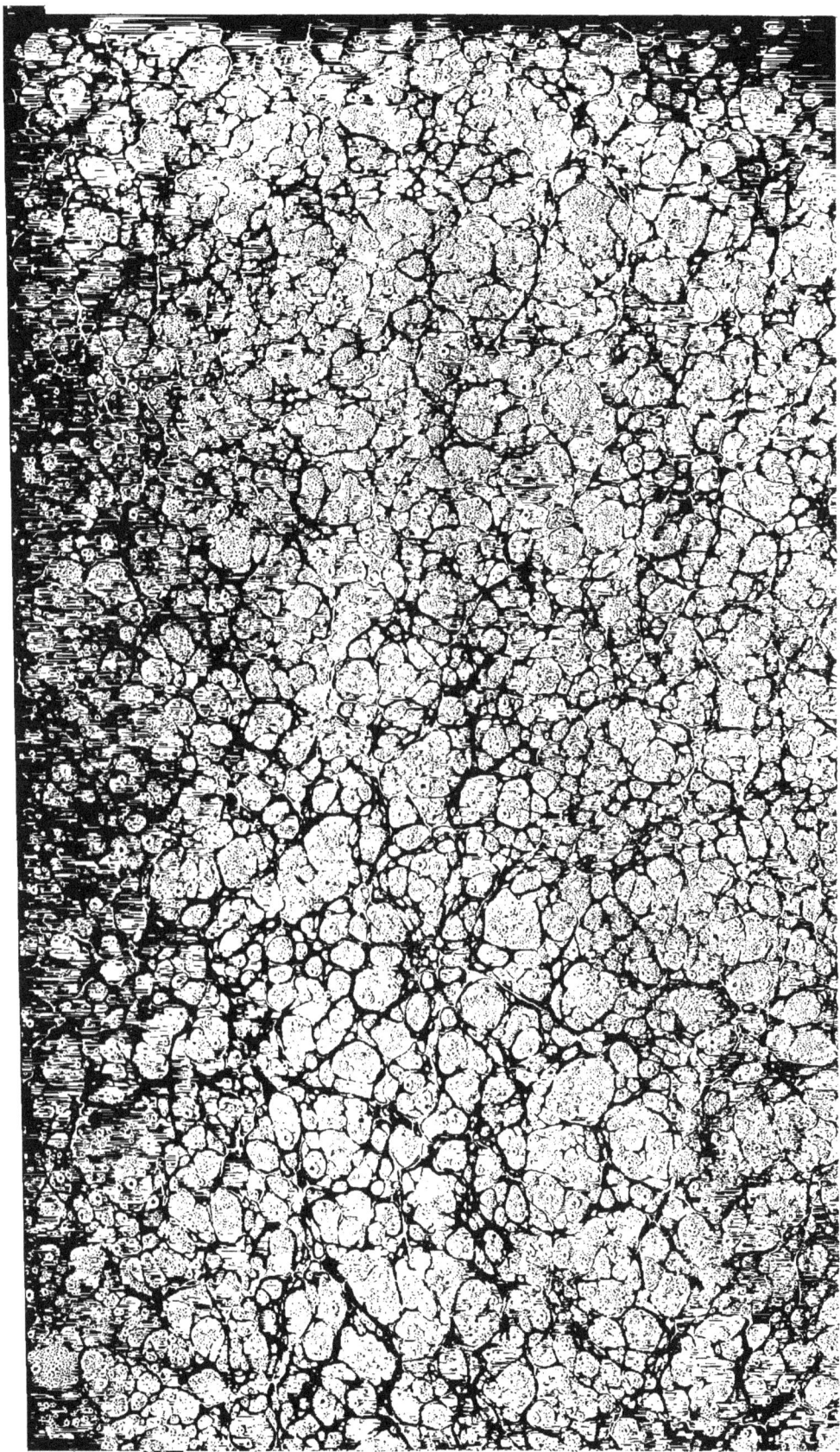

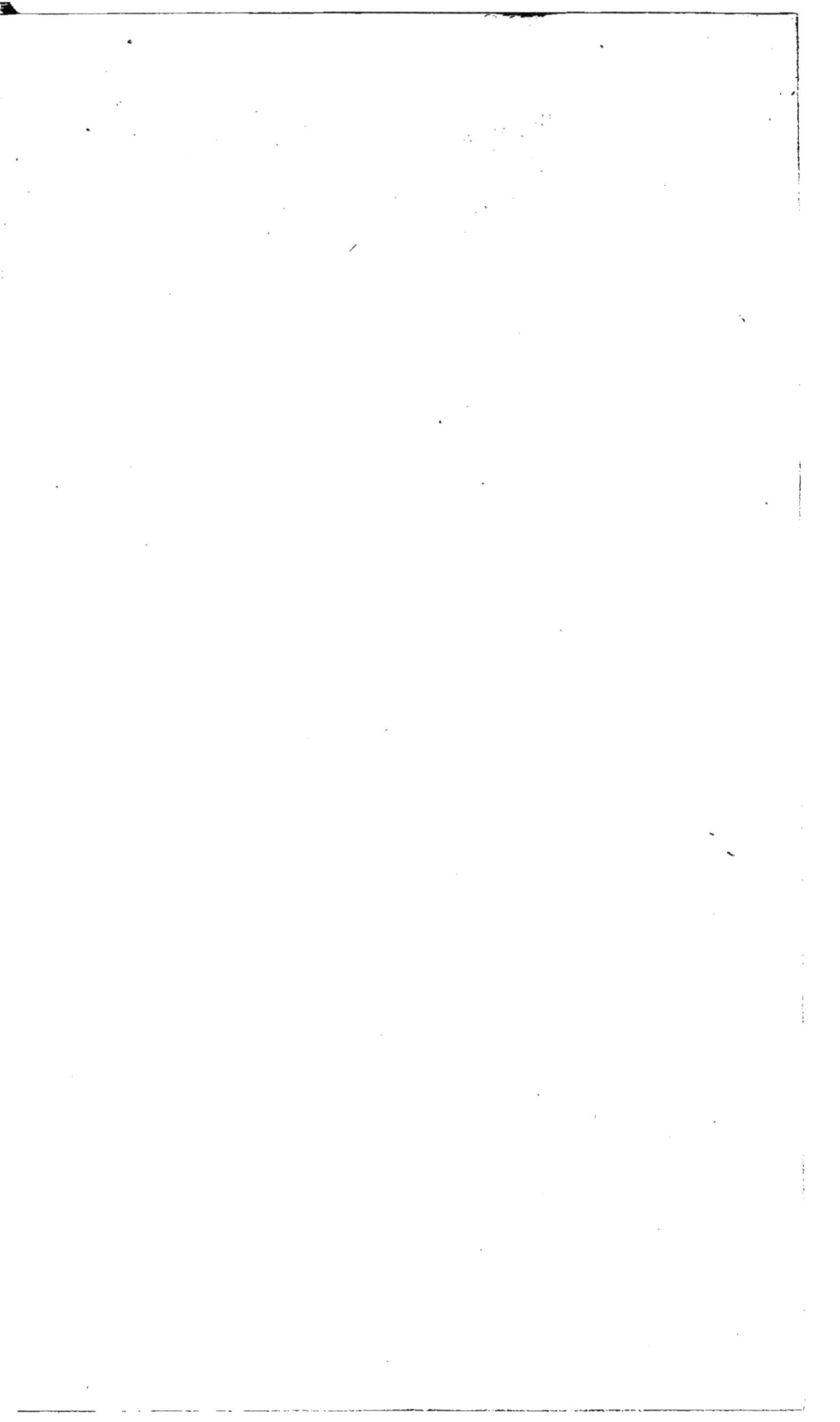

NOTICE

SUR

L'IMPORTATION ET L'EDUCATION

DES MOUTONS A LONGUE LAINE.

L'ouvrage se trouve :

A PARIS,

Chez
- Firmin Didot, rue Jacob, n° 24.
- Carillan-Goeury, libraire des Ponts-et-Chaussées, quai des Augustins.
- Mme Huzard, rue de l'Éperon, n° 11.
- Delaunay, galerie du Palais-Royal.

A Lille, chez Vanakere, Grande Place.

NOTICE

SUR

L'IMPORTATION ET L'ÉDUCATION

DES MOUTONS A LONGUE LAINE,

ET

SUR L'EMPLOI DE LEUR TOISON

A LA FILATURE DE MARCQ.

Par J. CORDIER,

MEMBRE DE LA SOCIÉTÉ DE L'AMÉLIORATION DES LAINES.

PARIS,

DE L'IMPRIMERIE DE FIRMIN DIDOT,

IMPRIMEUR DU ROI, RUE JACOB, N° 24.

1826.

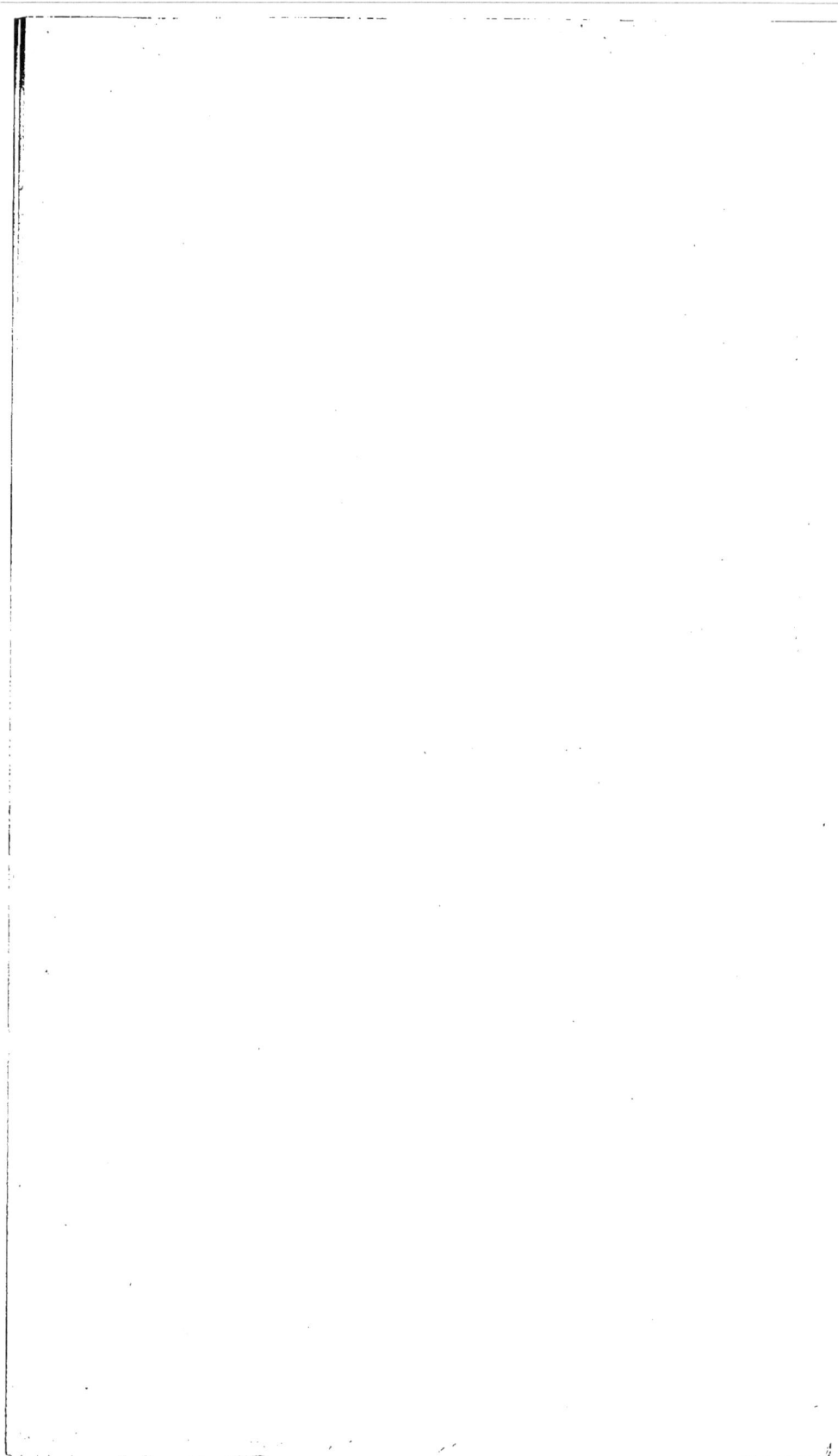

INTRODUCTION.

Les étrangers, nos voisins, plus ardents explorateurs de notre pays que nous-mêmes, font les remarques suivantes que nous devons méditer : en France, les cultivateurs ont peu d'instruction et d'aisance; les troupeaux sont peu nombreux, et la plupart des races abâtardies; l'État manque d'institutions locales, d'associations utiles. Par l'effet de la centralisation, la capitale attire sans utilité, et frappe de stérilité les capitaux, la puissance, la science et toutes les supériorités; les grands propriétaires dédaignent les champs, et les savants les applications; tout semble accroître de plus en plus le luxe des richesses et de la science à Paris, l'ignorance et la détresse des campagnes; enfin la jeunesse oisive et souveraine, séduite et entraînée par l'influence des hommes extraordinaires, peut jeter sans obstacle le pays avec elle dans les chances des innovations.

Ils prétendent qu'en Angleterre, les grands propriétaires, tout à-la-fois agriculteurs, manufacturiers, négociants, répandent dans les campagnes où ils résident, l'instruction et les capitaux acquis par le commerce et les voyages; les savants dirigent leurs recer-

a

ches vers un but utile, et communiquent des connaissances positives aux diverses classes de la société; le gouvernement abandonne aux comtés et aux paroisses le soin de l'administration, et aux associations les chances des entreprises publiques et particulières.

Ils écrivent que, sous un tel gouvernement, un heureux génie peut tout créer; une fâcheuse ambition ne peut rien détruire; la jeunesse, sans pouvoir au-dedans pour innover, tourne au-dehors son activité, étend la gloire et la puissance nationales; l'État compte, pour ainsi lire, autant de vies que de comtés et d'associations, et résiste à toutes les épreuves du temps et des puissances ennemies.

On est forcé de convenir qu'en France, nos longs troubles ont bouleversé les institutions comme les fortunes; les rivalités et les haines continuent à être le fléau de la société; on ne voulait admettre aucune supériorité sociale, et l'opinion semble encore s'armer contre tout succès extraordinaire, comme si la prospérité et les richesses d'une nation pouvaient, dans ces temps, s'établir autrement que par celles des citoyens. Par un mélange extraordinaire d'anciennes idées, on honore encore l'oisiveté et les fonctions qui permettent de vivre noblement et sans travail.

Mais la puissance de la raison dissipe chaque jour les opinions révolutionnaires et les préjugés barbares : le roi, les princes, ont daigné mettre leurs noms en tête de souscriptions ouvertes pour des établissements agricoles et manufacturiers, et les ont dotés avec une munificence royale. Les fonctionnaires les plus élevés ont de même demandé à s'inscrire, et, en imitant ces exemples augustes, ils en ont donné de très-salutaires. Il n'est

pàs maintenant une entreprise importante, une con-
cession de canaux, de ponts, de routes, une exploitation de mines, où l'on ne voie figurer les membres des
chambres, et les plus considérables de l'État ou de la
société.

Quoique de tels souscripteurs ne prennent que rarement une action immédiate dans l'administration des
entreprises, ils en étudient le but, les moyens, les détails, et discutent avec sagacité dans les conseils les
points importants de la législation qui s'y rattachent.
C'est à l'influence de cette nouvelle et heureuse direction des esprits qu'il faut attribuer la lucidité et la pro-
fondeur qu'on a remarquées dans les discours prononcés
aux chambres sur les questions d'économie politique.

Ces exemples donnés par les personnages les plus augustes, les vœux des hommes les plus éclairés, tout
semble hâter une nouvelle et heureuse révolution dans
l'administration, qui ne craindra plus de laisser aux associations le soin de rechercher, de découvrir et d'exécuter les entreprises utiles.

Cependant des obstacles restent à vaincre; quelques
personnes, dominées par l'habitude ou par le sentiment
de leur nullité, ou par l'attrait du pouvoir, repoussent
les améliorations; d'autres très-estimables et de bonne
foi admettent et proclament les paradoxes suivants
comme des vérités incontestables : *Les cultivateurs et
fabricants produisent trop; le prix des céréales est
trop bas ; l'introduction des machines nouvelles est
nuisible; les propriétés sont trop divisées*, etc. D'autre part, les plus profonds génies dont s'honorent nos
chambres et nos académies, conviennent que la France
manque encore de talents spéciaux; que sans eux on ne

peut espérer des hommes capables de perfectionner notre législation, de former de grands établissements agricoles et manufacturiers, et d'étendre et même de conserver nos dernières relations de commerce avec les étrangers.

Désirant juger ces diverses assertions, et connaître les causes de la prospérité et de la supériorité des fabriques anglaises et de leur agriculture, nous avons visité les principales villes de manufactures de la France, de la Grande-Bretagne, de la Belgique, etc. Nous avons constaté que nos rivaux emploient des matières premières meilleures et à meilleur marché; des machines plus parfaites pour préparer, filer, tisser, apprêter la laine et le lin; le travail commencé et continué dans un grand établissement s'y termine en quelques jours et avec peu de dépenses; la main d'œuvre et les frais de fabrication ont été réduits des dix-neuf vingtièmes; par l'influence de ces améliorations, le commerce de l'Angleterre prend de plus en plus de l'extension, et celui des autres états diminue rapidement.

On est également étonné de trouver des différences aussi extraordinaires dans les diverses branches de l'agriculture des deux pays. La France ne possède que 35 millions de moutons, la plupart d'espèces communes; en Angleterre, on en compte 40 millions, de races choisies, d'un poids moyen double de ceux de France, d'une valeur triple, sur un sol plus ingrat et d'une étendue moindre des trois cinquièmes.

Les Anglais tirent de la Flandre des juments de forte taille, et les paient de quatre à cinq cents francs; ils revendent sur le continent les poulains à des prix six et huit fois plus élevés. Ils importent de même du département du Nord des navires chargés de lin, et y exportent du fil et des toiles à 5o pour cent au-dessous du cours. Il en est encore ainsi de beaucoup d'autres produits du sol ou des fabriques.

En Angleterre, les forêts royales et particulières composées de futaies et mélangées de prairies sont transformées en parcs superbes, où paissent de nombreux troupeaux de daims et de moutons de races précieuses; elles fournissent à la marine royale plus d'arbres et de meilleur bois de construction que des taillis avec futaies, et aux propriétaires des revenus quadruples.

En France, les forêts aménagées d'après le système le plus barbare, ne semblent destinées qu'à empêcher la production des beaux arbres, à multiplier les loups pour le plaisir des officiers chargés de les chasser, et à causer la destruction des troupeaux à plusieurs lieues de distance.

Frappé des observations précédentes et des réflexions que font naître les tableaux des douanes, où il est constaté que les importations annuelles en produits que notre sol et les fabriques devraient fournir, s'élèvent à 15o millions, nous avons cherché à montrer par un exemple incontestable, que tout est possible et facile dans le pays le plus favorisé par le sol, le climat, la forme de son gouvernement et le génie de ses habitants; nous nous sommes proposé de créer, à l'aide d'une association nombreuse [1], un établissement national, d'en

---

1. On compte dans les souscripteurs, des membres des deux chambres et du conseil-d'état, des généraux, des inspecteurs-généraux des finances, de grands propriétaires, des négociants, des officiers supérieurs d'état-major, de l'artillerie, des ingénieurs de divers services, etc., etc.

assurer le succès matériel et moral par l'illustration, l'in-struction, l'expérience et l'influence des membres.

La fabrique de Marcq doit avoir pour résultat de faire prospérer l'agriculture par l'emploi d'un million de livres de laines longues, par l'importation et la créa-tion des races précieuses qui la fournissent; d'étendre le domaine des manufactures par l'introduction des ma-chines nouvelles et par l'instruction théorique et pra-tique d'un grand nombre d'ouvriers; et d'affranchir le royaume d'une contribution considérable payée chaque année à l'étranger, en importations de moutons, de laines longues et d'étoffes de laine.

Nous indiquons dans la Notice les ressources qu'of-frent aux cultivateurs les moutons à longue laine; les bé néfices à obtenir par les croisements des béliers anglais avec les brebis de race flamande; les localités convenables à cette race, l'emplacement, l'étendue de la fabrique destinée à l'emploi des toisons. Il nous semble nécessaire de discuter préalablement les objections qu'on ne manque pas de faire lorsque des entreprises fixent l'attention publique par leur étendue ou par leur nou-veauté.

PREMIÈRE OBJECTION.

LES CULTIVATEURS ET FABRICANTS PRODUISENT TROP.

————————

Réponse. — La moitié de la population de l'Europe et de la France est réduite à des vêtements et à des aliments les plus grossiers. Les produits du sol et des fabriques ne sont donc pas trop abondants, puisqu'un grand nombre d'habitants est souvent forcé de s'en priver, les prix étant trop élevés. Si les étoffes de laine se donnaient au quart de la valeur actuelle, il faudrait fabriquer vingt fois plus; la classe malheureuse, à moitié nue, serait plus sainement vêtue, et les familles riches renouvelleraient plus fréquemment leurs habillements. Souhaiter que les fabriques produisent plus et à meilleur marché, c'est faire des vœux pour le bonheur des hommes et la prospérité de l'État; accroître soi-même cette abondance, c'est contribuer à les réaliser.

DEUXIÈME OBJECTION.

L'INTRODUCTION DES MACHINES NOUVELLES EST NUISIBLE.

Réponse. — Il est aussi utile maintenant de remplacer la main d'une fileuse, d'un tisserand, par une manivelle, qu'il l'était autrefois de substituer la charrue à la bêche, la herse au rateau, le rabot et le tour à la hache et au couteau, une voile ou une roue à des rames. Il faut de nécessité adopter les améliorations, les encourager, marcher de front avec les peuples les plus avancés, ou courir la chance d'en être de nouveau victime. Les arts mécaniques donnent, dans la paix, le monopole du commerce, par le bas prix et le perfectionnement des produits; ils créent des ressources et des relations importantes; dans la guerre, ils procurent les moyens de dompter sur terre comme sur mer des ennemis plus nombreux, plus braves, mais moins avancés.

Lorsque, par l'emploi de nouvelles machines, on parvient à diminuer considérablement la main d'œuvre, le prix des marchandises baisse, et la consommation augmente dans le même rapport; ainsi on ne réduit pas le nombre des ouvriers, mais on fabrique beaucoup plus. Admettons d'ailleurs que, par le perfectionnement des métiers, beaucoup de femmes et d'enfants soient forcés de renoncer à la filature, à la main, de la laine; tous s'occuperont, avec plus d'avantage pour leur santé et avec plus de profit, de la culture du chanvre et du lin, et des soins à donner aux troupeaux; ils obtiendront des journées plus fortes et un plus heureux avenir. La production des matières premières depend nécessairement de la demande, ou des besoins des fabriques, ou du perfectionnement des machines; ainsi la prospérité des fabriques contribue bien plus encore à enrichir la classe des cultivateurs que celle des artisans.

Quelques critiques se plaisent à faire observer que les grandes manufactures où l'on tient enfermé dans un espace étroit beaucoup d'ouvriers, sont funestes à leurs mœurs et à leur santé; mais les personnes plus éclairées conviennent que l'emploi des machines est par cela même très-avantageux, puisqu'il permet de diminuer le nombre des travailleurs dans chaque salle, et de remplacer les hommes par des femmes et de jeunes filles qui préfèrent les occupations sédentaires, et de qui on n'exige d'ailleurs qu'une faible portion de leur force. On doit souhaiter que les machines soient à tel point perfectionnées, que le nombre d'ouvriers dans chaque atelier se trouve encore beaucoup plus réduit.

TROISIÈME OBJECTION.

LES ÉTABLISSEMENTS NOUVEAUX RUINENT LES FONDATEURS ET N'ENRICHISSENT QUE LES SECONDS OU TROISIÈMES PROPRIÉTAIRES.

Réponse. — La création et le succès d'un grand établissement exigent sans doute beaucoup de capacité, une expérience consommée, de la patience, de la persévérance dans la formation et la direction des ateliers, et une grande connaissance pratique des diverses parties de l'entreprise. Il est rare qu'un fondateur unique, préoccupé d'une pensée dominante, puisse calculer froidement et avec une égale capacité les diverses combinaisons à embrasser; qu'il sache résister à un travail opiniâtre, et parvienne toujours à porter remède aux accidents qui manquent rarement d'arriver.

Un capitaliste qui veut élever une fabrique, divise, avec raison, ses travaux en divers ateliers de construction et de fabrication, ne se réservant que la branche de sa spécialité; mais il se met dans la dépendance des combinaisons et des calculs souvent erronés des architectes et des mécaniciens, et manque rarement de ruiner sa famille par suite d'une confiance mal placée, ou de quelques accidents, ou d'une maladie.

Ces dangers sont évités lorsque les détails de la

direction et de la surveillance d'un établissement nouveau sont distribués entre des associés dévoués qui
s'entr'aident, se suppléent, se remplacent; qui se mon-
trent aussi empressés à rechercher les leçons de l'expérience qu'à étendre le champ des améliorations par des
études et des essais. Tout ce qui est obstacle, motif
de division et de trouble dans une compagnie formée
au hasard, dans l'unique but des profits, est au contraire cause d'accord, lorsqu'elle se compose d'hommes
unis par une longue amitié, par une même éducation
généreuse; ici, plus les associés sont nombreux, plus
le succès est certain.

Si des capitalistes, étrangers aux arts et au commerce,
élevaient des fabriques près d'autres manufactures semblables et dans un grand état de prospérité, il est hors
de doute qu'ils ne sauraient soutenir la concurrence;
mais pour fonder un établissement d'après un système
et avec des métiers nouveaux, il faut aussi des hommes
nouveaux, qu'une longue routine n'arrête pas, mais
qui joignent le zèle et l'activité à l'expérience des hommes
et des choses : telles sont les qualités qui distinguent les
personnes chargées de tous les travaux de construction
de Marcq, sous la direction des deux fondateurs.

L'opinion de localité, qui ne peut juger par analogie,
taxe souvent de témérité les combinaisons hardies, mais
réfléchies et certaines. Il est constaté, par exemple,
qu'une manufacture ne peut produire à bas prix et prospérer qu'en fabriquant beaucoup; il faut donc qu'elle
soit montée sur une grande échelle, les frais de surveillance et d'administration diminuant à mesure que
la puissance des marchines augmente.

Puisque les fabriques anglaises ont eu jusqu'ici une

supériorité incontestable, il nous paraît évident qu'une manufacture établie sur les bords d'un canal et dans les mêmes dimensions, avec des machines, des métiers semblables, des ouvriers aussi exercés, employant des matières indigènes aussi bonnes et à plus bas prix, fournira des produits aussi parfaits qu'on vendra facilement avec profit, malgré la concurrence, sur tous les marchés du globe.

QUATRIÈME OBJECTION.

LES PROPRIÉTÉS SONT TROP DIVISÉES.

Réponse. — D'après les recherches que nous avons faites, il nous paraît constaté que les 32,000 propriétaires de France les plus imposés, possèdent plus d'étendue de terrain que les 32,000 propriétaires de la Grande-Bretagne, et que l'Angleterre entière; ce n'est donc pas la division des propriétés qui nuit à la prospérité de l'agriculture et des manufactures de France, et en retarde les améliorations. Les différences si extraordinaires qu'on remarque entre les campagnes françaises et britanniques doivent être attribuées à la différence d'administration. Les Anglais, souverains dans leurs domaines, les habitent par goût, par ambition, par devoir, et sacrifient leurs revenus à les embellir, à perfectionner les races d'animaux domestiques, à importer les arbres précieux.

En France, les grandes propriétés, composées en partie de bois aménagés d'après le système le plus barbare, sont les plus négligées, les plus improductives; nulle fonction, nulle chance d'utilité, nul attrait de propriété n'attirent les Français dans leurs domaines, où ils ne sont maîtres ni d'exploiter les mines, ni de cultiver les bois, ni d'ouvrir des chemins indispensables; un simple employé d'une administration est souvent plus puissant que le plus grand propriétaire; les améliorations dépendent souvent d'autorités passagères, étrangères aux lieux, qui arrêtent ou glacent, par une froide indifférence ou par la haine des supériorités sociales, l'ardeur des propriétaires les plus zélés.

Admettons que le propriétaire d'une grande forêt voulût la transformer en parc anglais, il devrait lutter contre les conseils des communes qui refuseraient d'abandonner un sentier, et contre l'administration forestière qui s'opposerait à l'établissement de pâturages et de chemins spacieux. Fatigué de tant d'obstacles, il ne tarderait pas à renoncer à ses projets d'embellissements et de séjour à la campagne et à vendre ses domaines. Cependant il est constaté qu'une forêt de taillis sous futaie ne rend pas le quart des arbres et des revenus que donnerait le même sol s'il était aménagé en hautes futaies avec arbres convenablement espacés; dans ce dernier cas, l'air et la lumière arrivent sur le sol, le fécondent, et le recouvrent de pâturages excellents pour les races de moutons à laine longue.

CINQUIÈME OBJECTION.

LES DÉFRICHEMENTS SONT DANGEREUX, ILS EXPOSENT LA FRANCE A MANQUER DE COMBUSTIBLE.

Réponse. — Les mines de charbon reconnues dans la faible portion du royaume jusqu'ici sondée, peuvent suffire à une consommation de huit siècles; ainsi la France ne saurait périr faute de combustible, dans le cas même où la plupart des forêts seraient défrichées, ou de nouvelles mines ne seraient pas découvertes.

La production en bois, comme en céréales, croît ou diminue selon les demandes et les prix; et il est plus facile de planter et de cultiver des arbres, que du blé et des pommes de terre. Si, par des défrichements exagérés, le prix du bois s'élevait, le terrain ainsi cultivé donnerait plus de bénéfices que des plantations de tabac et de colza; la proportion des semis d'arbres augmenterait de manière à réduire les bénéfices au taux des revenus des champs de céréales.

On dira qu'on ne saurait obtenir ainsi que du bois de corde et de charbon; que des siècles sont nécessaires à la production des arbres de futaie. Mais si des arbres de service donnaient plus de profits que les taillis et que les céréales, on se hâterait de transformer les taillis en futaies; on conserverait les anciens, les modernes et les baliveaux; on essarterait les bois de manière à faire disparaître les arbrisseaux et bois taillis qui retardent la pousse de la futaie; enfin on planterait les bords des champs, les champs mêmes en chênes, sapins, frênes, etc.

Il paraît bien constaté que la liberté donnée aux propriétaires d'abattre ou de planter, comme en Angleterre, en Belgique et en Suisse, amène nécessairement le système le plus avantageux au public comme aux propriétaires; leurs interêts se trouvant toujours liés et solidaires.

Nous avons dû soulever la question du défrichement, pour appeler une enquête et fixer l'attention des hommes qui dirigent l'opinion par la puissance de leurs talents et de leur position. Le sort des propriétaires et cultivateurs dans quatre-vingts départements dépend de la solution adoptée; il faut renoncer à la multiplication des troupeaux des races précieuses de moutons, au développement des manufactures et du commerce, à nous affranchir de l'étranger en remplaçant le coton par la laine et le lin, ou se hâter de donner plein pouvoir aux propriétaires d'ouvrir de vastes et nombreuses allées dans leurs forêts, de les transformer en parcs où les moutons trouveront en toute saison et sans danger d'excellents pâturages et de l'ombre sous les futaies : ce système étant le seul qui puisse permettre de détruire les loups, et de laisser les troupeaux, les nuits et toute l'année, dans les pâturages.

CAUSES DES AMÉLIORATIONS AGRICOLES, ET PARTICU-LIÈREMENT DES RACES DE MOUTONS.

Une nation ne devient pas tout-à-coup riche et puissante, uniquement favorisée par le hasard ; les mêmes conditions semblent indispensables à la prospérité des peuples et à celle des particuliers : chez les uns comme chez les autres, le travail crée les richesses ; l'instruction en augmente la valeur ; l'économie en est inséparable ; la liberté le fait aimer, en décuple les effets, par la prévoyance et la confiance qu'elle donne.

Mais un seul homme, quelque supérieur qu'il soit, n'imprime à ses conceptions qu'une existence éphémère : un accident, une maladie le surprend au milieu de ses projets les mieux calculés, et les fait échouer. Il n'est donné qu'aux associations nombreuses et choisies de dominer le temps et les obstacles, d'assurer la stabilité à ses œuvres, et d'imprimer aux générations une marche assurée et invariable.

C'est à des associations de propriétaires que la Grande-Bretagne doit les progrès de l'agriculture et le perfectionnement des races de moutons et des arts industriels qui ont porté cet empire à un si haut degré de puissance et de prospérité.

Les pairs d'Angleterre, les hommes les plus éminents

b

par leurs lumières, leurs hautes fonctions, leurs richesses, réunis en sociétés libres, rassemblent chaque année dans leurs terres et à leur table les propriétaires, fermiers, garçons de ferme les plus habiles, proposent et distribuent des prix que les personnages les plus considérables ne dédaignent pas de disputer.

Il est nécessaire de faire connaître aux pays où de semblables usages seraient utiles, qu'à une de ces réunions solennelles tenue au château de lord Somerville, ce pair d'Angleterre, président de la société d'agriculture, après avoir donné une coupe d'argent au berger le plus intelligent et le plus soigneux du comté, en offrit une semblable au duc de Bedfort, le plus riche particulier d'Angleterre et d'Europe, pour avoir engraissé le plus beau cochon.

Admirons le caractère du noble lord qui le rendait supérieur et indifférent au ridicule que les hommes superficiels déversaient, dans les premiers temps, sur ces institutions. La pensée que de pareils encouragements devaient bientôt contribuer à la puissance nationale, satisfaisait son ame généreuse et l'élevait au-dessus des atteintes de l'envie ou des vaines déclamations de la frivolité.

Une longue persévérance, des réunions fréquentes des grands propriétaires, et les prix décernés solennellement par eux dans leurs terres, ont rapidement perfectionné toutes les branches de l'agriculture et des manufactures, dont les progrès datent de ces institutions libres : c'est à ces mêmes causes qu'il faut attribuer le perfectionnement des races précieuses de moutons, qui ont doublé le revenu territorial de la Grande-Bretagne.

En Espagne, la race mérinos n'a été créée et perfectionnée que par l'influence d'une administration éclairée, puissante et vigilante. Chaque troupeau, composé de 10,000 bêtes, est confié à un berger en chef, ayant sous ses ordres 50 bergers, chargés chacun de 200 bêtes.

On exige du berger en chef du zèle, de l'activité, et toutes les connaissances nécessaires à ses fonctions ; on lui accorde un pouvoir étendu et des appointements considérables. Sans cesse à cheval, il visite les pâturages, surveille constamment les bergers, veille à la police, et fait exécuter avec exactitude les réglements relatifs aux voyages lointains des moutons, et à leur séjour dans les divers royaumes de l'Espagne.

En Allemagne, et particulièrement dans les royaumes de Wurtemberg, de Saxe, des Pays-Bas, et dans les pays où la classe des cultivateurs est éclairée, aisée et heureuse, on remarque des institutions et des associations analogues. Des princes, des souverains même, ont établi dans leurs terres des écoles gratuites, où ils confient aux plus savants professeurs l'instruction des élèves pris dans les familles de cultivateurs; ils visitent fréquemment les fermes modèles, se plaisent à distribuer eux-mêmes des récompenses aux plus dignes, et contribuent puissamment à rendre les agriculteurs plus instruits, plus heureux et plus dévoués au gouvernement.

Puisque le tableau des douanes montre que nous sommes tributaires des états limitrophes moins favorablement situés, nous devons l'attribuer à notre indifférence pour les connaissances positives et utiles, au luxe de la science qui séduit la jeunesse, et l'éloigne des applications aux arts, d'une vie occupée et du séjour à la campagne.

S'il est vrai que les états qui devancent les autres dans les arts utiles, ont obtenu leurs succès par l'instruction et par les associations, nous devons marcher au même but par les mêmes voies.

Depuis quelques années, l'esprit d'association, que favorisent le gouvernement, l'instruction et la paix, prédomine de plus en plus en France et gagne toutes les classes; il les réunit et éteint la haine des partis. Sa Majesté, en fondant l'établissement agricole de Grignon et la filature de la Savonnerie, contribuera beaucoup à l'étendre, à l'honorer, à le nationaliser.

M. Polonceau, ingénieur en chef, directeur des ponts-et-chaussées, mon ancien ami, qui conçut et présenta le projet de la ferme-modèle de Grignon, a rendu par-là un nouveau et très-grand service aux arts et à l'agriculture. C'est aussi à lui que l'on doit la race précieuse des chèvres croisées d'Angora et de Cachemire, dont le duvet long, brillant et soyeux, est très-supérieur au cachemire. Par un sentiment de patriotisme, cet ingénieur a refusé de vendre au dehors, à des prix élevés, des bêtes de cette race, dont il est seul possesseur, et qu'il veut conserver à la France.

Beaucoup de personnes ont rivalisé de zèle pour introduire en France les races de moutons à longue laine qui nous manquent. Les bulletins de la Société de l'amélioration des laines, faisant mention des tentatives faites, des succès obtenus, des noms des propriétaires, et de l'emplacement des bergeries, il serait inutile de les rappeler dans cette notice.

Nous pouvons assurer, d'après les renseignements que nous avons recueillis, que les vœux que nous avons faits d'être bientôt affranchis des importations étrangères en moutons à laine longue, ne tarderont pas à se réaliser. Ce résultat sera dû à l'influence de la Société de l'amélioration des laines, qui a déja rendu de grands services, et surtout aux encouragements donnés par S. M., qui a fondé avec une munificence auguste et éclairée des fermes-modèles et de grandes manufactures.

DE L'EXPLOITATION DES GRANDES PROPRIÉTÉS EN FRANCE, RELATIVEMENT AUX MOUTONS.

Les fermiers, la plupart économes et laborieux, ne retirent cependant que de faibles bénéfices des terres, prés et bois qu'ils louent, en raison du bas prix des céréales et des bestiaux. Lorsque de grands propriétaires font valoir, ils obtiennent, il est vrai, la part du fermier; mais ils éprouvent des pertes sur les travaux qui, étant à leur compte et à la journée, s'exécutent plus lentement, plus mal ou plus chèrement. Les domestiques mal surveillés, n'ayant nul intérêt dans l'exploitation, travaillent le moins possible, mangent le plus possible, selon la remarque de l'auteur de la Richesse des nations, et dépensent en fourrage, deux fois la quantité nécessaire à la nourriture des bestiaux.

Un grand propriétaire ne peut entrer en rivalité avec les cultivateurs pour la fabrication des céréales et des fourrages artificiels; il doit adopter un genre d'exploitation qui, exigeant de l'instruction et de fortes avances, empêche toute concurrence.

L'éducation de races choisies d'animaux domestiques promet et procure les plus grands bénéfices; le transport sur les marchés éloignés n'exige que peu de frais, malgré le mauvais état des routes; la vente en est certaine et le paiement immédiat.

Les moutons à longue laine peuvent prospérer dans toutes les localités, en ajoutant dans les pays secs et arides le supplément de nourriture nécessaire : ils donneront, pendant bien des années, des bénéfices doubles de ceux retirés même des mérinos. Il ne faut qu'un faible capital pour créer, en peu d'années, un beau troupeau de cette race, dont la toison, plus lourde et de qualité recherchée, se vend vingt francs, au lieu de douze francs, prix de celle des plus beaux métis et de la plupart des mérinos.

La réussite d'un troupeau de race précieuse ne demande que des fourrages abondants, un berger intelligent et un propriétaire éclairé. La surveillance en est facile, et les bénéfices dépassent ceux obtenus par toute autre entreprise agricole.

On remarque que, sur cent nouvelles fortunes considérables qui se créent, quatre-vingt-dix sont acquises par les manufactures et le commerce : à peine dix sont obtenues par l'agriculture, et toujours par l'éducation des troupeaux. On observe de même que la culture n'est perfectionnée que dans les pays de fabrique ; les propriétaires, la plupart négociants, exploitent leurs terres comme leurs ateliers, en avançant beaucoup de fonds, en choisissant les cultures et les plantes qui exigent le plus de travaux et de dépenses ; ce que peu de fermiers peuvent tenter. Les consommateurs étant d'ailleurs près des producteurs, les propriétaires du sol ajoutent à la rente la valeur des frais de transport qui sont économisés.

En comparant les prix des fermages payés par arpent dans les six départements les plus riches du royaume et dans les autres, on reconnaît que la plupart des propriétaires de quatre-vingts départements pourraient doubler leurs revenus par des améliorations faciles, promptes et certaines, et qui n'exigent d'autre avance qu'une année de revenus.

Nous considérons comme les plus essentielles, 1° l'ouverture de nombreuses et très-larges allées dans les bois des particuliers, pour assurer la destruction des loups, et accroître et garantir de tout danger les pâturages des moutons; 2° la transformation des forêts en parcs avec futaies et prairies; 3° la clôture, par des fossés et des haies, de toutes les propriétés même boisées; 4° la suppression de la vaine pâture; 5° l'irrigation, soit naturelle, soit artificielle, au moyen des chutes d'eau; 6° l'éducation des races précieuses, et particulièrement des moutons à longue laine; 7° l'introduction de fabriques simples qui occupent les hommes pendant plusieurs mois, et les femmes et les enfants la plus grande partie de l'année.

Par ce mélange d'occupations agricoles et manufacturières, la population des campagnes, obtenant chaque année des produits plus que doubles, paiera des fermages plus élevés, et jouira d'une aisance jusqu'ici inconnue. Un grand propriétaire doit donc chercher à enrichir les cultivateurs par un sentiment de générosité, ou même par calcul, pour accroître ses revenus et sa fortune.

Telles sont encore la puissance de l'habitude, la timidité de l'inexpérience, la modicité des revenus, et la multiplicité des besoins factices, que peu de propriétaires se montreront même assez confiants pour se mettre à la tête des nouvelles entreprises, les seules cependant profitables. Il faut, pour vaincre cette inertie, organiser des associations composées de capitalistes, de négociants, de fonctionnaires et de propriétaires et faire concourir au but les spécialités et les capacités diverses : les premiers succès obtenus rendront tous les autres essais faciles.

L'exemple donné à la fabrique de Marcq doit avoir de l'influence sur la prospérité publique; on jugera, par les résultats de cette entreprise, que tout est facile à une association nombreuse réunissant toutes les spécialités, où chacun est conduit à être utile, et où personne ne peut se rendre indispensable. Bientôt on formera des compagnies semblables pour des établissements agricoles et manufacturiers dans les départements isolés et malheureux; les habitants des campagnes seront, dans peu d'années, plus occupés, mieux récompensés, plus instruits, par l'influence de ces associations; et c'est alors seulement que l'on reconnaîtra que le sol français recélait dans son sein des richesses inépuisables, mieux assurées et plus précieuses que les mines d'Amérique et que les colonies de l'Asie.

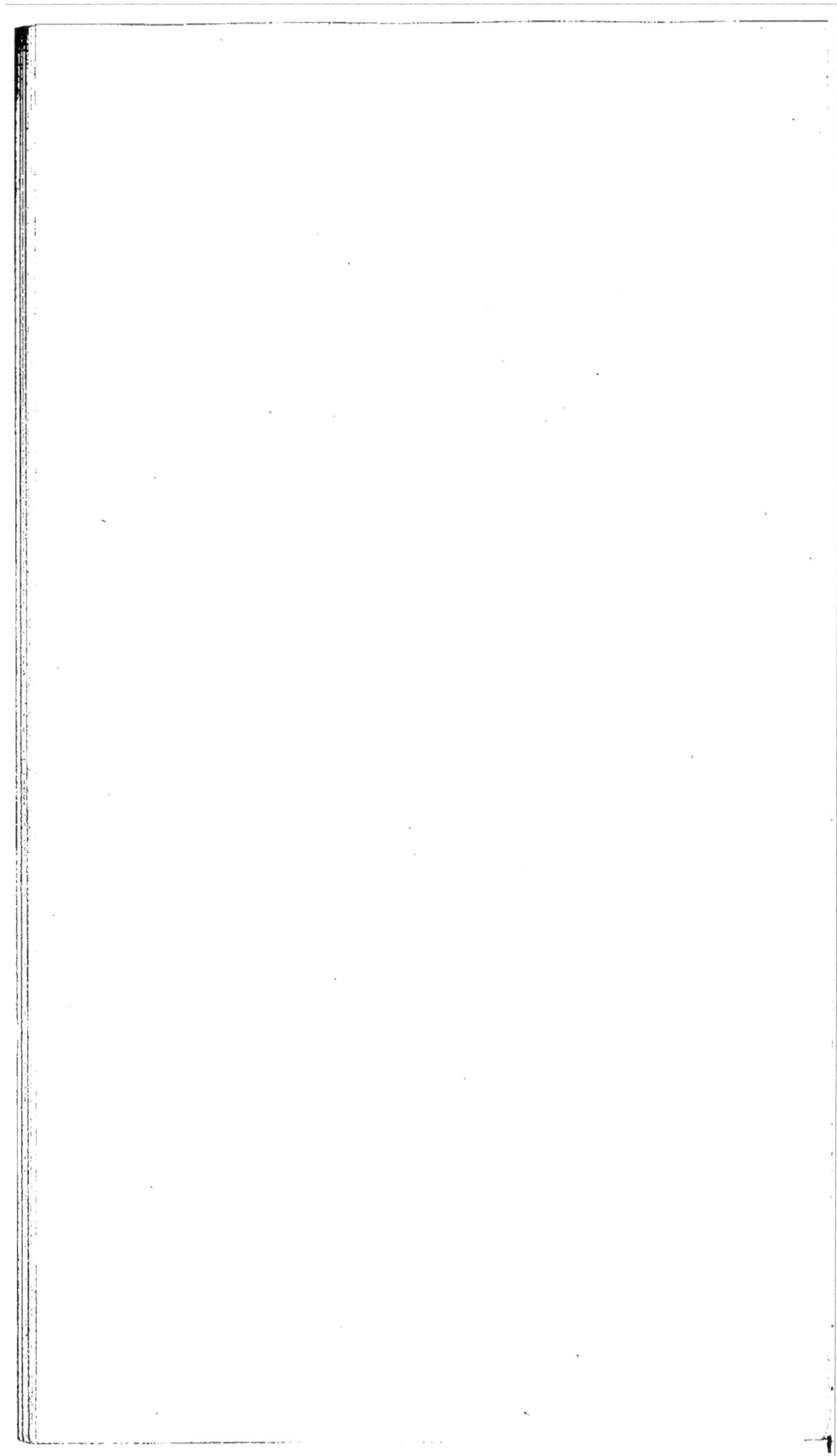

NOTICE

SUR

L'IMPORTATION ET L'ÉDUCATION

DES MOUTONS A LONGUE LAINE,

ET

SUR L'EMPLOI DE LEUR TOISON;

FAISANT SUITE AU MÉMOIRE SUR L'AGRICULTURE DE LA FLANDRE.

Sɪ le sol et le climat modifient les plantes, les animaux, l'homme même; si leur action prolongée contribue à multiplier les espèces et à créer les variétés sans nombre qui forment une chaîne admirable de tous les êtres de la nature, cette influence inévitable doit agir plus fortement sur l'animal le plus assoupli par une longue domesticité, le plus faible et le plus soumis au régime qu'on lui impose.

Le mouton [1] que l'on retrouve avec l'homme dans les latitudes les plus opposées, reçoit plus que lui l'empreinte des localités; sa taille grandit, s'arrondit

---

1. Le mot mouton sera pris, selon l'usage, dans son acception générique, comprenant les béliers, brebis, antenois, agneaux,

1

ou diminue; sa laine devient longue ou courte, grossière ou fine, rude ou douce, blanche ou jaune, brillante ou terne, etc., selon que le pays est abondant ou stérile, élevé ou bas, humide ou sec, etc.

Chaque pâturage ayant, pour ainsi dire, une combinaison de terres, une exposition et des productions particulières, les troupeaux conservés plusieurs générations, sur la même ferme, perdraient les qualités acquises ailleurs, en acquerraient de nouvelles et formeraient une espèce à part. Ainsi, sans le mélange continuel des troupeaux, il y aurait presque autant de variétés de moutons que de pâturages; et chacune serait déterminée par la nature des herbages, l'air, la lumière, la température, etc.

Mais les croisements naturels des divers moutons d'Europe, et ceux combinés avec les races importées d'Afrique et d'Asie, ont tellement multiplié et différencié les espèces, qu'il est difficile de distinguer, à l'inspection de chacune, la part contributive des types caractéristiques employés pour la produire.

Au milieu de ces jeux inépuisables que le naturaliste cherche à expliquer, il est des causes plus influentes que l'observateur le moins exercé peut constater, et dont la connaissance suffit à l'agriculteur pour doubler en quelques années, et sans de grandes avances, les produits de ses troupeaux: nous parlerons des faits généraux les mieux constatés.

Les moutons des montagnes arides du Nord sont petits, nerveux et ont des os saillants; ceux des hautes montagnes où les pâturages sont abondants, comme dans les Alpes et les Pyrénées, ont une charpente élevée, osseuse, très-forte; ils sont musculeux, vigoureux, s'engraissent tard, difficilement, en consommant beaucoup de nourriture; leur laine est, en général, longue, droite, brillante, jaune et grossière. Dans les plaines basses, les formes sont plus arrondies, les os plus petits; l'engraissement commence plus tôt, s'obtient plus vite et à moins de frais. Plus les pâturages sont abondants, plus la laine est longue et grossière; plus ils sont secs et arides, plus elle devient courte et fine; plus ils sont humides sans être marécageux, plus elle est brillante; plus le climat est sombre et pluvieux, plus elle est blanche et douce. Quelques savants prétendent même que la latitude a une grande influence sur la laine [1], qui se raccourcit et s'affine en allant du Nord au Midi.

Cette puissance irrésistible de la nature, qui imprime à la longue, sur chaque race, le cachet du lieu où elle a séjourné, loin d'être une fatalité décourageante, devient pour l'agronome observateur une source intarissable de richesses.

---

1. Plusieurs écrivains célèbres ont soutenu que la latitude ne modifiait pas la laine, puisque celle des mérinos se maintenait très-fine sous tous les degrés; cependant on ne saurait disconvenir qu'il y a presque autant de variétés de laines mérinos que de troupeaux. Si l'on n'est arrivé à obtenir le perfectionnement des laines de cette race que par deux cents générations successives, il est à présumer qu'elle ne peut dégénérer que dans une longue suite d'années, quelque certaine que soit l'action du climat et du sol.

1.

Il sait que le caractère particulier de chaque race n'a été produit que par une longue suite de générations et ne peut s'effacer que lentement; que le mâle a une influence plus grande que la femelle dans les croisements; que l'abondance et la bonne nature des herbages donnent des toisons plus douces et une laine plus longue, plus nourrie et meilleure pour un grand nombre d'usages.

Après avoir recherché quelle espèce de moutons doit donner le plus de bénéfices dans sa localité, il achètera à bas prix les brebis indigènes qui s'en rapprochent le plus, et se procurera le bélier qui doit créer le type adopté. En continuant de choisir pendant quelques années les plus belles brebis et le bélier le plus parfait, il parviendra, par une persévérance éclairée, à créer une variété d'un grand prix, en raison de la beauté des formes, de la facilité à s'engraisser, et de la longueur et de la finesse de la laine.

Quelques agriculteurs, en s'éclairant réciproquement, et en rendant compte de leurs succès, pourront, dans un quart de siècle, par de si louables efforts et par l'influence de leur exemple, doubler les produits des moutons du royaume, et assurer la prospérité d'un grand nombre de manufactures nécessaires à la France. Tel est le but que s'est proposé la Société de l'amélioration des laines, et qu'elle parviendra à remplir.

Comme membre de cette Société, je ferai connaître les tentatives que j'ai faites pour importer et multiplier la race de moutons à laine longue, et pour établir une manufacture où l'emploi de ces laines doit en encourager la production.

J'examinerai d'abord l'état des moutons et des fabriques de laines, les causes qui s'opposent au développement de cette branche de l'industrie agricole et manufacturière, et les mesures à prendre, par le gouvernement, pour exciter et seconder les efforts des particuliers.

DU NOMBRE ET DE LA VALEUR DES MOUTONS EN FRANCE,
DES IMPORTATIONS ET EXPORTATIONS PAR ANNÉE,
DES MOUTONS, DE LA LAINE BRUTE, FILÉE OU TISSÉE.

Sur une superficie de 52 millions d'hectares, on ne compte en France que 35 millions de moutons d'une valeur moyenne de 12 francs; en total de . . . . 420,000,000fr.
d'un revenu annuel brut de 15 fr. par tête, ensemble 525,000,000
d'un bénéfice net évalué par an à 3 fr. par tête, ou en total, à . . . 105,000,000.

En Angleterre, y compris l'Écosse sans l'Irlande, dont la superficie n'est que de 21 millions d'hectares, le nombre des moutons est de 41 millions, la valeur moyenne est estimée 25 fr.; et en total . . . . 1,025,000,000 fr.
Le revenu annuel brut par tête est de 32 fr., en somme 1,312,000,000
Le bénéfice annuel net par tête est de 8 fr.; en total de . . . . 328,000,000 fr.

Si nous comparons les états d'importations et d'exportations des deux pays, nous trouvons des résultats plus extraordinaires encore. L'Angleterre qui ne reçoit de l'étranger qu'une faible partie des laines employées exporte pour une somme de 500 millions d'étoffes de laine, dont la matière première, achetée dans les campagnes, procure d'énormes revenus aux propriétaires et fermiers de ce royaume

Cependant la France, d'une étendue plus grande des trois cinquièmes, qui possède des pâturages plus abondants et plus convenables aux races précieuses, loin d'approvisionner les marchés étrangers du produit de ses troupeaux et de ses fabriques, devient chaque année tributaire, pour des sommes très-élevées, des états voisins, moins avancés dans les arts, et tous moins heureusement situés sous le rapport de l'agriculture et des manufactures.

Le tableau suivant doit être médité par tous ceux qui s'occupent de cette branche importante de l'économie politique.

INDICATIONS DE QUELQUES ARTICLES IMPORTÉS EN FRANCE.	IMPORTATIONS EN 1822[1].	
	QUANTITÉS.	MONTANT des VALEURS.
Animaux vivants : moutons mérinos, agneaux..............	nombre. 194,242	fr. 4,467,196
Peaux brutes de moutons et d'agneaux, à	280,000	844,000
Laines surfines, fines, communes.	9,127,656ᵏ·	24,306,826
Suif.......................	2,841,818	2,073,454
Colle-forte.................	322,695	516,311
Os	130,000	36,000
Tissus de laine	69,949	575,000
Autres tissus mêlés de laines....	11,000	457,000
Montant des importations...		33,275,786

1. Cet extrait est tiré du tableau des années 1822 et 1823, le seul que nous ayons eu à notre disposition.

Aux sommes données par les douanes, il faut ajouter la différence entre le prix réel et celui dé-claré, les frais de transport, de commission, les pertes, l'intérêt des fonds avancés, et surtout la valeur des marchandises introduites par fraude, malgré l'extrême vigilance et sévérité des douanes.

Nous portons en conséquence au double, ou à 67 millions, la valeur réelle des moutons, du lainage, des fils et tissus de laine, importés régulièrement en France; et au triple, ou à 100 millions, en y com-prenant les schals, tapis, draps, poils de chèvre, flanelle et autres tissus étrangers dont l'introduction est défendue et qui se vendent cependant publique-ment dans toutes les grandes villes du royaume.

Pour s'affranchir de cette contribution presque égale à la moitié de l'impôt foncier, il suffirait d'aug-menter le nombre des moutons de 5,000,000, en choisissant les races les plus convenables aux besoins de nos fabriques.

La France alors n'aurait encore que 40,000,000 de moutons, comme l'Angleterre, ou les deux cin-quièmes seulement du nombre des troupeaux de ce pays, relativement à l'étendue, qui est pour les deux royaumes dans le rapport de deux à cinq.

S'affranchir de l'importation des produits et mar-chandises que pourraient fournir notre sol et nos fa-briques, ne serait qu'un premier et faible succès : il est temps que la France se rappelle son ancienne prospérité, qu'elle reprenne par l'étendue de son commerce avec les puissances du globe, le premier rang que de longues guerres lui avaient fait perdre. Tout semble lui en faire une loi, lui en indiquer les moyens et en assurer le succès. Nous bornerons notre examen à l'objet qui nous occupe.

L'extrait suivant du tableau des importations en lin et chanvre, bruts, filés ou tissés, en troupeaux, céréales, etc., doit déterminer la France à augmenter le nombre des moutons, sans lesquels on ne peut obtenir un bon système de culture, ni les produits qui nous manquent.

Suit le tableau.

INDICATIONS	IMPORTATIONS EN 1822.	
DE QUELQUES ARTICLES IMPORTÉS EN FRANCE.	QUANTITÉS.	MONTANT des VALEURS.
Matières animales.	nombre.	fr.
Animaux vivants : bœufs, vaches, génisses............	45,075k.	7,379,854
Viandes salées, fraîches......	375,398	238,298
Peaux brutes de bœufs, vaches.	3,741,325	4,482,217
Fromages.................	3,147,466	3,747,466
Beurre...................	811,301	730,743
Oreillons.................	404,934	80,986
Os, sabots, cornes, sang, etc., de bétail	569,483	136,311
		16,795,675
Matières végétales.	hect.	
Froment, seigle et autres céréales.	100,505k.	635,182
Riz d'Italie et d'Amérique.....	6,531,404	2,130,950
Pommes de terre et légumes secs et verts	1,581,777	185,604
Gruaux, pâtes d'Italie	375,046	189,811
Huiles d'olive et autres.......	32,091,301	49,654,626
Graines de lin, colzat, etc....	1,454,504	485,176
		53,281,349
Filaments, fils et tissus.	kil.	
Filaments. { Lin et chanvre......	8,217,922	5,576,001
{ Coton	22,575,412	52,650,829
Fils..... { De lin et de chanvre.	1,063,920	7,435,972
{ Cordages.........	770,386	400,269
Tissus... { De lin et de chanvre.	3,438,619	37,884,761
{ De coton.........	7,921	79,864
		104,027,686
Récapitulation.		
Matières animales..........		16,795,875
Matières { Céréales, huiles.....	53,281,349	157,309,035
végétales. { Filaments, tissus.....	104,281,349	
Total de la valeur des articles ci-dessus importés.		174,104,910

Les observations faites sur le premier tableau s'appliquent également à celui-ci. Les douanes portent en compte le prix déclaré, qui est ordinairement d'un tiers ou de moitié au-dessous de celui du commerce; il faut donc ajouter au montant ci-dessus, la différence entre le prix de douane et la valeur réelle, les frais de transport, de commission, l'intérêt des fonds, qui s'élèvent ensemble au-delà des évaluations. La perte, pour la France, n'est donc pas seulement de 174, mais de 348 millions, sommes qu'il faut payer chaque année en vins, ou en tous autres produits du sol, qui se vendraient également au dehors et à des prix aussi élevés, dans le cas même où nous retirerions de notre sol les produits indiqués plus haut, que nous importons à grands frais de l'étranger.

Admettons que, par l'influence des associations encouragées par le gouvernement, la France augmente le nombre de ses moutons de 20 millions, tous de races choisies. Son revenu brut annuel aurait un accroissement de 20 millions par 25 fr., produit moyen de chaque bête, ou de . . . . 500,000,000 fr.
Et le revenu net annuel de 10 fr.
par tête, ou de 200,000,000

Ces 20 millions de moutons donneraient aux cultivateurs assez d'engrais pour produire non-seulement le lin et le chanvre maintenant importés à grands frais, mais des quantités doubles ou triples de ces matières, qui seraient travaillées dans nos fabriques. En tirant ainsi parti de nos richesses nationales, nous rendrions tributaires les nations qui savent exploiter notre imprévoyance.

On ne saurait se défendre d'un sentiment pénible, en examinant le tableau des douanes : chaque ligne semble accuser notre indifférence, et fait pressentir que les améliorations récentes ne sont pas connues ou mises en pratique dans la plupart des départements.

Les troupeaux de moutons, par exemple, formés au hasard, sans distinction de races et d'espèces, sont abandonnés à des fermiers ou bergers ignorants, qui les laissent, en été, sur des pâturages arides; en hiver, dans des étables où l'air et la lumière ne peuvent pénétrer, où le fumier séjourne six mois, et où ils ne reçoivent qu'une nourriture sèche, de mauvaise nature, et en petite quantité.

Les maladies, la gale, abâtardissent les races, altèrent la laine, et font périr un grand nombre de bêtes : les troupeaux souvent renouvelés, et toujours sans choix, ne donnent que de très-faibles produits et souvent même occasionnent des pertes.

Si on excepte les troupeaux de mérinos et de métis tenus avec soin dans les arrondissements voisins de Paris, et chez quelques grands propriétaires ou fermiers de l'intérieur du royaume, le reste est en général dans un état presque constant d'appauvrissement et de maladie; la laine tombe avant le temps, les agneaux périssent par suite de l'état de maigreur des mères, et le nombre des moutons continue à rester bien au-dessous des besoins de l'agriculture et des manufactures.

On estime que sur une ferme exploitée avec intelligence, un cultivateur aisé, et habitué à suivre les bons systèmes d'assolements, peut nourrir un

mouton par arpent de terre, sans que les produits de
sa ferme soient diminués ; c'est-à-dire que le mouton
donne dans le parc, ou à l'étable, l'engrais nécessaire à la production de sa nourriture ; il reste donc
de bénéfice la valeur de l'agneau et de la laine, après
avoir prélevé les frais de bergeries, de bergers, et les
pertes par maladie ou réforme.

Nous calculerons, par la règle précédente, le
nombre des moutons que la France nourrirait en
suivant un bon système d'assolement.

On compte en France :

En terres labourables..........	25,000,000 hect.
Prés.......................	3,908,000
Pâturages..................	4,025,000
Vergers.	359,000
Terres vaines et vagues, bruyères.	4,640,000
Marais.....................	196,000
Total, non compris les bois...	38,128,000 hect.

Les 38,128,000 hectares font en
arpents forestiers............. 76,256,000 arp.

La France pourrait donc nourrir 76,256,000 millions de moutons, et produire la même quantité de blé,
d'orge, et des autres céréales vendue chaque année ;
ce nombre est encore de 24 millions au-dessous du
nombre proportionnel des moutons de l'Angleterre,
où une bonne partie du sol est consacrée aux pâturages et à la nourriture des bêtes à laine..

Dans les observations précédentes, nous avons

montré qu'une augmentation de 25,000,000 de moutons faisant un total de 60 millions, suffirait pour
nous affranchir des importations étrangères en laines, lins, viandes, etc. Ainsi, avec 76 millions, le
commerce et l'agriculture de France acquerraient
une prospérité inconnue jusqu'ici.

NÉCESSITÉ D'EMPLOYER LES NOUVELLES MACHINES A FILER ET A TISSER.

Dans le milieu du dernier siècle, on filait partout le coton à la main, chèrement, très-mal et en petite quantité : au moyen de mull-jennys, ou de métiers continus, une jeune fille fait mieux et sans fatigue le travail de cent ouvrières : dès-lors toute filature de coton à la main a dû cesser, en raison de la différence des quantités, de la qualité et des prix des produits.

On a inventé pour la filature de la laine, du lin, du chanvre, des machines également ingénieuses. Des résultats aussi extraordinaires que pour le coton paraissent possibles, sont certains et même prochains. Une jeune fille de douze ans, à l'aide des nouveaux métiers, fera autant de travail que cent femmes dans la force de l'âge, filant au rouet et à la quenouille encore en usage dans les $\frac{19}{20}$ de la France et de l'Europe.

Si un ouvrier, dans un cas, produit cent fois plus d'ouvrage que dans l'autre, les mêmes différences n'auront-elles pas lieu entre deux grandes nations, dont l'une continuerait à suivre les anciennes méthodes, et dont l'autre emploierait les métiers nouveaux les plus parfaits ? N'est-il pas évident que la première nation serait successivement

évincée des marchés étrangers, aussitôt que la seconde offrirait les mêmes marchandises à des prix
beaucoup plus bas?

En comparant les fils et tissus faits à la main ou à
la mécanique, on reconnaît la supériorité des nouveaux procédés. Le travail de l'ouvrier qui file ou
tisse est successivement lent et précipité et toujours
inégal; sa main agit différemment le matin ou le
soir, avant ou après les repas : tout est cause d'im-
perfection. L'emploi des chevaux comme moteur,
donne également lieu à beaucoup de variations et de
pertes; tandis que les métiers mus par la vapeur,
marchant régulièrement, constamment, à très-peu
de frais, donnent plus de produits dans un même
temps, un ouvrage plus parfait et une grande économie.

Dans le travail de l'homme, on lui doit sa journée, lors même qu'on n'emploie qu'une faible portion
de sa force ou de son intelligence; le reste, souvent
les $\frac{19}{20}$, est perdu sans retour. Dans les machines, on
divise la puissance, à volonté, en fractions déterminées
par l'effet; on ne paie que la portion dépensée :
souvent la force d'un cheval de vapeur, convenablement distribuée, et appliquée à des métiers,
produit, dans vingt-quatre heures, autant d'ouvrage
que cent bons ouvriers, et ne coûte pas autant que
la journée d'un seul. Tels sont maintenant le degré
d'avancement des arts mécaniques, le bas prix et la
perfection des tissus, la surabondance des produits
anglais, qu'il faut de nécessité adopter les nouveaux
procédés pour filer et tisser la laine, le lin, le chanvre et la soie.

Si on pouvait se séparer entièrement des autres nations, il semblerait peut-être indifférent de conserver les anciennes méthodes, ou d'adopter les nouvelles; puisque les fabriques de nos voisins n'auraient aucune action sur les nôtres : mais un isolement complet est impossible; le personnel des douanes, fût-il décuple, n'empêcherait pas la filtration des marchandises offertes à des prix très-bas. D'ailleurs, au-dedans comme au-dehors, tout nous porte à donner un grand développement à nos fabriques : une partie des habitants manque de bas, de vêtements chauds, et les autres ne sauraient les renouveler aussi souvent qu'il serait nécessaire pour la conservation de leur santé et pour la prospérité de l'agriculture. En encourageant les progrès des arts industriels on arriverait bientôt à fabriquer plus, mieux, et à meilleur marché; à produire avec nos laines et nos lins des étoffes plus belles, ou plus solides, plus saines que celles de coton; et à nous affranchir d'un impôt annuel de plus de cent cinquante millions payés au commerce étranger.

2

DES LAINES PEIGNÉES ET CARDÉES.

On divise les laines, relativement à la filature et au tissage, en deux classes : les laines longues, douces, bonnes pour le peigne et qu'on destine à la bonneterie, aux schals, bas, tricots, mérinos, flanelles, etc.; et les laines courtes, frisées, élastiques, préparées à la carde et qu'on emploie à la draperie et aux tissus foulés et feutrés.

Les machines à préparer, à filer et à tisser la laine cardée, en usage en France depuis quinze ans, ont été de plus en plus perfectionnées : bientôt on arrivera à fabriquer des draps et tissus de laine, meilleurs et à aussi bon marché que ceux analogues de l'étranger : ce résultat sera obtenu aussitôt que nous aurons assez de moutons de diverses races pour produire de la laine aussi bonne et à aussi bas prix que la laine vendue sur les marchés de l'Europe.

La laine longue au contraire est encore généralement travaillée à la main : elle est importée préparée et peignée à Tourcoing; de là expédiée dans les environs d'Amiens, de Beauvais, où elle est filée et distribuée aux ouvriers qui l'emploient à divers tissus.

Les frais de transport, d'assurance, de commission, d'intérêt, de main d'œuvre, augmentent la valeur de la laine longue filée, contribuent à réduire la consommation des étoffes fabriquées en France, et à encourager par la fraude l'importation des produits étrangers qui s'offrent à moitié prix au-delà des frontières.

Non-seulement la filature de laine longue ou peignée est très en arrière de celle du coton et de la laine cardée; mais, ce qui est à peine croyable, c'est que la France ne possède encore que quelques moutons des races qui fournissent la laine longue; notre commerce se trouve forcé d'importer à grands frais cette laine de l'Angleterre, de la Hollande et de l'Allemagne, lorsqu'il serait facile de l'affranchir en moins de dix ans de cette contribution volontaire.

On fait, il est vrai, quelquefois usage de la laine mérinos au lieu de la laine longue de Hollande et d'Angleterre; mais la filature en est plus difficile et plus chère, et les produits obtenus ne remplacent pas les autres. La laine mérinos étant frisée et élastique, ne convient qu'à la carde ou à la draperie; elle ne devient bonne pour le peigne, qu'en perdant ses qualités par des préparations qui exigent des frais, et font perdre du poids et de la valeur à la laine.

Pour la draperie on préfère une laine courte, élastique, nerveuse et fine; les draps sont plus feutrés, mieux fournis et plus beaux.

Pour les tricots et la bonneterie, une laine longue, blanche, douce, droite est meilleure; les tissus sont blancs, moelleux, unis et ras.

Chaque brin de laine étant formé d'une suite de tuyaux embriqués avec rebords échancrés et saillants comme la paille; en agitant un poil dans les doigts, il marche du côté de la racine. D'après cette contexture, lorsque des brins de laine sont froissés ou battus comme au foulon, tous marchent, se lient

2.

et se drapent ou se feutrent. C'est sur cette propriété de la laine qu'est fondée la préparation des draps et des chapeaux de feutre.

On conçoit que plus les brins sont courts, moins ils se trouvent liés et retenus dans le fil et l'étoffe, plus ils ont de facilité à marcher ou à feutrer ; plus l'étoffe devient serrée et imperméable, plus aussi il y a économie dans la fabrication ; la tondeuse enlève moins de brins, et l'étoffe est plus légère, plus belle et coûte moins.

Dans les étoffes de tricots et la bonneterie, la laine peignée reste droite ; les brins placés dans leur longueur sont liés de manière à ne pouvoir marcher ni se feutrer comme dans les étoffes de laine cardée. Les métiers destinés à préparer les laines peignées et cardées sont établis d'après des principes différents. Dans le premier cas, on cherche à dresser les brins, à les appliquer dans leur longueur, à les maintenir invariables : dans l'autre cas, on les croise pour les retenir, et on cherche à faire sortir les extrémités pour recouvrir la trame et la chaîne.

DES MOUTONS A LONGUE LAINE.

Les animaux sauvages ont en général le poil court, droit, brillant et plus ou moins coloré, rude, ou soyeux selon le climat, les habitudes, et leurs gîtes en plein air ou souterrains. Ainsi les moutons ont une laine plus blanche et plus douce dans les contrées où le climat est couvert et humide, comme le nord de la France, l'Angleterre et la Belgique, et dans ceux où on les tient long-temps enfermés dans les bergeries.

La longueur de la laine doit être attribuée à l'influence d'une longue domesticité, de la tonte annuelle, et d'une nourriture fraîche et abondante.

Ces conjectures sont confirmées par la comparaison des moutons domestiques avec les moutons sauvages qui peuplent les vastes chaînes de montagnes traversant le centre de l'Asie, et s'étendant de la Tartarie à la Chine et aux Indes.

Le mouton sauvage (*ovis fera*) est couvert en été d'un poil court et lisse, et en hiver d'un duvet ou laine fine, douce et blanche. Ses formes élancées comme celles du daim, la rapidité de sa course, et de fortes cornes, lui permettent d'échapper au danger, ou de se défendre contre les animaux carnassiers.

La variété des moutons sans cornes à laine longue, sans poil ou jarre, à jambes courtes, avec un vaste

coffre, un dos large et des os peu saillants, nous paraît celle qui s'éloigne davantage de la race primitive et qui promet en France le plus de bénéfices.
En effet, les cornes nécessaires au mouton sauvage
ne sont que nuisibles; elles occasionnent des accidents et absorbent sans profit une partie de la nourriture; il faut donc choisir de préférence les races
sans cornes. Plus la laine est longue, plus en général la toison a de poids, et plus les revenus sont
considérables, car le rapport de la valeur de la laine à
la chair est en France par livre comme 8 est à 1.
Pour obtenir les variétés les plus utiles, examinons
les principaux types qui ont servi à créer les espèces
à longue laine.

Les moutons sont divisés par les naturalistes en
un grand nombre de variétés, et classés d'après le
nombre des cornes, la forme et la couleur de la
tête, la grosseur de la queue, la longueur, la finesse,
et les diverses autres qualités de la laine. On distingue principalement les races d'Afrique, d'Arabie,
de Crète, des Indes, de Norwège, d'Espagne, etc.

La race d'Afrique d'un poil ras ne fournit de laine
que par la crinière; la race d'Arabie dont la queue
est large et lourde ne donne qu'un lainage commun
et coloré; celle de Crète, dont les cornes sont
droites, est couverte d'une laine ondulée, particulièrement bonne pour les pelisses et les fourrures;
celle de Norwège porte une laine jaune, soyeuse,
mais jarreuse.

Trois races seulement ou variétés sont remarquables par la finesse ou la longueur de la laine, et
doivent être employées à créer les troupeaux qui

manquent à la France, savoir : la race des Indes,
celle de Nubie, celle d'Espagne.

La race des Indes, importée en Europe par les
Hollandais, fut d'abord élevée dans le Texel et dans
les environs de Lille; elle a servi à former, par des
croisements, celle connue sous le nom de race flandrine ou du Texel. En Hollande, les cultivateurs ont
eu soin de la perfectionner par le choix successif de
béliers, et ont obtenu une laine plus longue, plus
fine, plus douce et plus blanche que celle primitive.
Dans la Flandre française on ne s'est pas occupé de
l'amélioration de ces bêtes; la laine est plus grosse
et moins longue.

Cette race qui est sans cornes se distingue par
un coffre vaste et allongé, une santé vigoureuse et
une grande fécondité; mais elle est en général trop
forte, trop haute sur jambes; et comme elle exige
une nourriture ou des pâturages très-abondants,
elle ne peut convenir que dans des localités analogues.

Les moutons de Nubie [1] dont la laine est très-

---

1. Madame la comtesse du Cayla possède à son château de
St-Ouen les plus beaux béliers de Nubie, importés en Europe,
et des métis obtenus par leur croisement avec des brebis mérinos, dislheys, hollandaises et artésiennes. Des agronomes et
manufacturiers éclairés attendent les plus heureux résultats de
ces variétés nouvelles et remarquables par la force et la taille des
bêtes, la beauté de la laine et le poids des toisons.

M. de Rainneville a tenté les mêmes croisements avec le même
succès dans sa terre d'Allonville, presque consacrée à l'éducation
des moutons, et qu'il a disposée dans ce but avec une rare sagacité. Il est parvenu à tirer le meilleur parti d'un terrain crayeux
auparavant aride; mais il réside huit mois chaque année dans sa

longue, grossière et si mêlée, qu'on ne peut la filer, donnent par des croisements avec la race flandrine ou du Texel, des métis ayant une laine longue et brillante, la plus convenable pour un grand nombre d'étoffes.

La laine des métis mérino-nubiens est très-belle et très-précieuse pour la carde ou la draperie; mais elle est trop frisée pour les tricots et les poils de chèvre; elle laisse d'ailleurs un déchet de 20 p. %, lorsqu'on la prépare par le peigne.

En croisant les brebis mérinos avec des béliers de l'Inde, de Hollande et de Nubie, on obtient des variétés ayant tout à la fois une laine longue, brillante et fine; qualités qui en doublent la valeur.

Telle serait la marche à suivre si déja nos voisins n'étaient pas arrivés aux plus heureux résultats après des essais long-temps continuss.

Les Anglais qui passent leur jeunesse à explorer le monde, et l'âge mûr à la campagne, ont tenté le perfectionnement des races de moutons avec une persévérance éclairée. Habiles à profiter des succès obtenus par les autres peuples, ils ont importé les animaux des races de Hollande, des Indes et d'Espagne, et sont parvenus à former des variétés du plus grand prix, dont chacune a son caractère distinctif, des qualités particulières, et pour dénomination celle du comté ou du propriétaire créateur.

On en distingue six races principales dont le tableau comparatif suivant fera connaître le poids d'un quartier, le poids et la valeur des toisons.

---

terre, et dirige lui-même les améliorations; circonstances sans lesquelles nul succès n'est possible en agriculture.

INDICATIONS DES RACES DE MOUTONS A LAINE LONGUE.	MOYENNE du poids des toisons.	PRIX de la toison.	POIDS d'un quartier.	AGE OÙ l'on tue les moutons.
1 Race de Dislhey ou New-Leicester......	7 liv. 1/2	8fr. 4	23	2
2 — de Lincolnshire ...	10	11	23	3
3 — de Tees-Water....	8	9	27 1/2	2
4 — de Dortmorenath ..	9	7 4	27 1/2	2 1/2
5 — d'Exmoor........	5 1/2	4 16	15	2 1/2
6 — d'Heath.........	3 1/4	6	14	4 1/2

Les lois anglaises relatives aux douanes, qui ont été modifiées en 1825, ayant été rendues dans l'intérêt des manufacturiers et des négocians, au détriment des propriétaires du sol, le prix des laines se maintenait au-dessous du cours naturel, relativement aux impôts, par suite de la liberté illimitée accordée à l'importation des laines étrangères, et de la défense, sous les peines les plus sévères, de l'exportation des laines indigènes.

Les agronomes, par ce motif, ont dû chercher à obtenir des laines qui n'existaient pas ailleurs, et des espèces de moutons s'engraissant le plus vite et au plus bas prix.

Les essais en ce genre furent continués avec tant d'habileté et de succès, qu'on est arrivé à donner aux nouvelles races les qualités considérées comme les plus précieuses. Ainsi la race de Dislhey, ou de

New - Leicester, qui est sans cornes, ayant un dos large, un coffre vaste et arrondi, des jambes basses, des os petits, se distingue par une grande propension à prendre la graisse de bonne heure.

Les dislheys tirés de la race de Lincolnshire ont été successivement perfectionnés par le choix des béliers pris dans cette même race. On est même arrivé à outrer à ce point la qualité de s'engraisser plus facilement et plus vite, à donner une si forte proportion de chair et de graisse, qu'à peine les os délicats de ces animaux ont la force de les porter; mais cette facilité de prendre la graisse, et l'inconvénient de conserver le même sang, ont diminué la faculté productive des brebis, dont un sixième reste stérile chaque année.

Les races à laine longue, d'une taille plus forte, habituées à une nourriture abondante, ne peuvent prospérer que dans les bons pâturages; elles résistent à l'humidité, se conservent en santé même dans les prairies basses, où les moutons plus petits et plus délicats, et les mérinos surtout, prendraient rapidement la pourriture.

Cependant, on peut maintenir les dislheys en bon état, même dans les pays secs et peu fertiles, si on leur donne chaque jour le supplément de nourriture nécessaire.

Des moutons de cette race que j'ai tirés d'Angleterre en 1822, ont successivement séjourné dans l'arrondissement de Dunkerque, où les pâturages sont humides et abondants, et sur le sol sec et crayeux près d'Amiens, et se sont également maintenus en bonne santé; mais la dépense est très-différente dans les deux localités : dans le premier cas, elle donne de grands bénéfices; dans le second, elle dépasse les produits. On ne doit élever des moutons de forte taille à laine longue que dans les terrains fertiles et bien cultivés où les fourrages sont à bas prix, ou dans les terrains boisés, bas, argileux, marécageux, funestes aux autres races de moutons.

Après les fortes sécheresses ou de grandes pluies, les agneaux des brebis à petite taille périssent en tombant dans les larges crevasses des sols argileux, ou dans les fossés pleins d'eau; les moutons, d'ailleurs, prennent en peu de mois la pourriture.

Ainsi les moutons à longue laine doivent être préférés dans certaines localités, non-seulement parce que leur lainé manque à la France, mais parce qu'ils se conservent en santé dans les contrées humides où les autres espèces prendraient la pourriture.

Les moutons à longue laine donneront des bénéfices doubles de ceux obtenus par les mérinos, jusqu'à ce que les troupeaux introduits fournissent au-delà de la quantité de laine longue que nous importons chaque année.

Nous conseillons, d'après notre expérience, aux agriculteurs qui possèdent un sol riche, profond, argileux, des propriétés humides ou des forêts, de se procurer, soit par importation, soit par les croisements, une race de moutons ayant un coffre vaste, une laine longue, fine, douce, et toutes les formes qui indiquent la tendance à prendre la graisse : en prévenant toutefois que les prairies basses ne sont ni nécessaires ni les plus convenables aux dislheys et moutons à laine longue; mais cette race étant moins exposée à prendre la pourriture, donne la possibilité de tirer parti de terrains nuisibles aux autres espèces, et d'augmenter aussi l'étendue des pâturages à consacrer aux moutons.

DU CHOIX A FAIRE POUR OBTENIR EN PEU DE TEMPS,
ET AVEC LE MOINS DE DÉPENSES, UNE EXCELLENTE
RACE DE MOUTONS A LONGUE LAINE.

Quelque précieuses que soient les races perfectionnées par le duc de Bedfort, Backwell, Cook, on
doit se garder d'introduire en France, à grands
frais et sans choisir les localités convenables, les
races de Dislhey, de Lincolnshire, de Leicester, de
Tees-Water. Ces moutons habitués au climat tem-
péré d'Angleterre, moins chaud en été, moins froid
en hiver que celui de France, à rester constamment en plein air dans des pâturages étendus et
abondants, ne tarderaient pas à dégénérer, si on ne
leur donnait pas des soins particuliers. Les frais
d'achat, de transport, s'élèveraient d'ailleurs au-
delà des sommes que la plupart des propriétaires
veulent sacrifier aux améliorations agricoles. On ne
peut donc compter sur une importation assez considérable de ces races pour fournir la laine nécessaire à nos fabriques et affranchir bientôt le
royaume des tributs payés à l'étranger.

D'après les essais que nous avons faits, il nous a
paru que la belle race de la Frise ou du Texel, successivement améliorée par le choix des bêtes,
ayant une laine aussi longue, plus douce et plus
blanche que le laine anglaise, devait être généralement préférée ; en y mêlant du sang mérinos ou

de dislhey, on formerait des races précieuses par la douceur, la finesse, la longueur de la laine et le poids des toisons.

On fera choix des brebis métis ou mérinos qui réunissent à la laine la plus longue, les formes les plus convenables pour la localité; et les plus beaux béliers de Hollande, ayant une laine d'un pied, ou treize pouces de longueur. Les métis seraient, de nouveau, croisés par des béliers du Texel, afin de donner à la race le type de celle de Hollande, qui est sans cornes, à coffre large, d'une santé vigoureuse et disposée à prendre la graisse à deux ou trois ans. Des essais analogues seraient faits avec des brebis, mérinos et métis, et des béliers dislheys, pour créer les races les plus convenables aux contrées où les pâturages sont abondants, et où l'on cherche autant la facilité à l'engraissement que la longueur de la laine.

Ces résultats seront plus rapidément obtenus, si on importe des troupeaux entiers des plus belles brebis hollandaises et des béliers à longue laine d'Angleterre. Les diverses combinaisons de croisements de ces races avec celles de France, donneront des espèces nouvelles, ayant les qualités qui manquent aux moutons mérinos ou indigènes.

Si ces divers métis, tous à laine longue et de dimensions plus fortes que les plus grands mérinos, étaient laissés sur des pâturages maigres et secs, leur laine perdrait d'année en année la longueur, le brillant et la douceur qui distinguent les toisons de ces races primitives; l'abondance et la nature des pâturages ayant une influence rapide sur le poids des toisons et les qualités de la laine, comme sur les dimensions des animaux.

Ces effets se remarquent sur les mérinos comme sur ces autres races ; la laine s'allonge ou se raccourcit, devient grosse ou fine, sèche ou moelleuse, selon que les pâturages sont plus ou moins abondants ou stériles, humides ou secs.

Une herbe courte, sèche et mince peut affiner la laine, mais c'est aux dépens de la quantité des produits et de la beauté des formes, et souvent de la santé des animaux.

Quelle que soit la race de moutons qu'on préfère, et soit que l'on cherche à obtenir beaucoup de laine ou de graisse, le cultivateur doit toujours donner à ses troupeaux une nourriture choisie et abondante en toute saison : les bénéfices en laines, en bêtes grasses, en agneaux, seront relatifs à la bonté des pâturages et aux soins donnés. L'expérience montre que les races précieuses se dégradent ; que celles communes s'améliorent en raison du régime suivi et de la qualité de la nourriture.

CRÉATION ET PRODUITS D'UN TROUPEAU DE MOUTONS A LAINE LONGUE.

Le compte sera établi d'après les dépenses faites et les marchés que j'ai passés en Flandre, où j'élève des troupeaux de diverses races.

Je suis convenu avec des fermiers du département du Nord, qu'ils nourriraient abondamment, à l'étable pendant l'hiver, dans les pâturages en été, des béliers et brebis de forte taille, de race flamande, anglaise et hollandaise, à raison de vingt francs par an, par tête de brebis, y compris l'agneau, et par tête de bélier; le nombre des béliers étant du vingtième des brebis.

Les brebis hollandaises donnent souvent deux agneaux par an; mais ne comptons qu'un.

Cent brebis à laine longue de choix, coûtent à raison de 80 fr. l'une, terme moyen..... 8,000 fr.

Cinq béliers à 100 fr............... 5oo

Capital avancé........... 8,000 fr.

Dépenses annuelles, 1o5 bêtes à 20 fr. 2,100

Intérêts des fonds à 10 p. %, à raison des chances de pertes du capital par les maladies......................... 85o

Total de la dépense......... 2,95o

105 toisons, pesant terme moyen 8 liv :
font 840 liv., à 2 fr. 50 . . . . . . 2,100 fr.
100 agneaux [1] à 20 fr. 2,000   } 4,100 fr.

Bénéfice , l'intérêt des fonds payé . . . 1,150
ce qui donne le septième du capital . . . . .

Comme mes importations de moutons ne datent
que de trois ans, et que je les ai plusieurs fois
changés de place, le compte des produits ne pré-
sente que des probabilités ; mais les dépenses pour
l'achat des bêtes, la nourriture pendant l'année, et
la valeur de la toison, peuvent être considérées
comme déterminées pour les localités analogues.

Beaucoup de fermiers m'ont offert de s'engager par
des marchés à longs termes, aux conditions ci-dessus,
à nourrir largement et complétement, pendant un
an, chaque brebis avec son agneau, à raison de
vingt francs par brebis ; d'autre part, la fabrique
de Marcq en Barrœuil près de Lille, prend toutes
les laines longues de semblable qualité, à raison de
2 fr. lavées à dos, ou à raison de 2 fr. 50 c. lavées
à l'établissement, et fait des marchés pour plusieurs
années, à la condition que le tarif des douanes sur
les importations de laine longue et de moutons ne
sera pas modifié.

Le poids des toisons de ces races peut varier, en
raison de la nourriture et des pâturages, de 10 à 12
livres dans les riches contrées, jusqu'à 5 et 6 livres
dans les pays maigres ; mais dans ces dernières loca-

---

[1]. Les brebis hollandaises donnent souvent deux agneaux par
an ; nous n'en comptons qu'un, pour tenir compte des pertes en
agneaux et brebis.

3

lités on ne paie la nourriture qu'à raison de 10 ou
12 fr. au plus, par tête de brebis avec l'agneau.

Pour tenir compte des chances de perte des
agneaux et autenois, on ne porte qu'un agneau
par brebis; et chaque agneau n'est évalué que
20 fr., quoiqu'on ait la certitude de les vendre à cet
âge 30 et 40 f. Tout donne lieu de croire que dans
les nouveaux marchés les fermiers consentiront à
être responsables de la moitié des pertes des brebis
et agneaux : cette condition paraît indispensable
pour les intéresser à la prospérité des troupeaux.

Il est bien constaté qu'on ne saurait faire aucune
entreprise agricole aussi productive que celle-ci, et
que les bénéfices resteront les mêmes jusqu'à ce
que la France, qui manque entièrement de laine
longue, en produise assez pour la consommation
des fabriques, dont le nombre augmente d'année en
année.

Si on formait des troupeaux de la race pure de
dislheys, il faudrait un capital considérable en raison
du haut prix de ces bêtes, de la difficulté et des
frais d'importation, et des intérêts. Ces bénéfices
seraient beaucoup moindres; les dislheys ne donnant
ni plus de laine, ni de la laine de meilleure qualité,
et d'un prix plus élevé que celle des bêtes choisies
de Hollande.

Supposons qu'on ait importé un même nombre
de Dislhey, New-Leicester ou de Tees-Water.

Cent brebis à 250 fr . . . . 25,000 fr.
Cinq béliers à 600 fr   3,000

Capital avancé . . . . 28,000 fr.

Dépenses annuelles.

105 bêtes à 20 fr. . . . . 2,100 fr.
Intérêts des fonds à 10 p. °/₀, à raison
des chances de perte du capital par des
maladies. 2,800

Total. 4,900

Revenus.

105 toisons pesant 8 liv., l'une, terme
moyen, font 840 liv. à 2 fr. 50 c.
l'une, ci. . . . . 2,100 fr.⎫
100 agneaux à 30 f. l'un, font. 3,000 ⎬ 5,100
⎭

Bénéfice, l'intérêt payé.   200
ce qui donne un cent-quarantième du. .
capital. . . . .

Ces résultats font connaître qu'il faudrait beaucoup de temps et de capitaux pour obtenir les quantités de moutons et de laines qui nous manquent
et qui sont importées chaque année.

On est ainsi conduit à procéder par les croisements des béliers étrangers avec des brebis de
France, afin d'obtenir en moins de temps et avec
moins de dépenses les races à laine longue qui nous
manquent.

Nous supposerons qu'une association de propriétaires et de capitalistes, voulant affranchir le
royaume d'un impôt de plus de cent millions, payé
à l'étranger, ait réuni un capital de deux millions

3.

et demi, destiné à l'établissement de troupeaux de moutons à laine longue : on propose d'en faire l'emploi suivant.

Il sera importé, la première année, de Hollande, en bêtes de choix :

1,000 béliers à laine longue évalués, moyenne-
ment, à 100 fr. l'un ; ensemble...... 100,000 fr.

1,000 agneaux mâles, *idem*, de 6 mois
à 25 f. l'un, font........... 25,000

2,000 brebis, *idem*, de 2 ans à 80 fr.
l'une, font................. 160,000

2,000 agnelles, *idem*, de 6 mois à 20 fr. 40,000

200 béliers Dislhey, *idem*, à 500 fr. 100,000

200 agneaux mâles, *idem*, à 125 fr. 25,000

400 brebis, *idem*, à 250 fr....... 100,000

400 agnelles, *idem*, de 6 mois à 100 fr. 40,000

On achètera en France des
mérinos et métis, dont la toison
et les formes se rapprocheront le
plus des races à créer ; leur nombre est fixé à raison de trente
brebis par bélier.

Il faudra donc pour 1,200 béliers de Dislhey et hollandais...

36,000 brebis, lesquelles à raison de 15 f.
l'une, terme moyen, font 540,000

36,000 agnelles de 6 mois, à raison de 5 f.
l'une, font 180,000

————————————

79,200   Capital primitif avancé. . 1,330,000 fr.

Dépenses annuelles.

Les brebis mérinos et métis et celles des diverses races françaises étant beaucoup moins fortes que les bêtes de races à longue laine et de Hollande et d'Angleterre, on ne doit estimer les frais annuels de nourriture et d'entretien d'une brebis, l'agneau compris, qu'à 16 fr. Un bélier paie comme une brebis et son agneau. Deux agneaux ou agnelles de six mois comptent pour une brebis. Le nombre des béliers et brebis d'Angleterre et de Hollande n'étant que le dixième de celui des moutons de France, le prix de nourriture et d'entretien sera aussi passé à 16 fr. par an.

D'après ces bases on aura en nombre :

3,000 béliers et brebis hollan-
  daises, ci 3,000
3,000 agneaux et agnelles,
  comptés pour 1,500
600 béliers et brebis anglaises. 600
600 agneaux et agnelles, pour . 300
36,000 brebis mérinos et métis. 36,000
36,000 agneaux comptés pour. 18,000

    Total à compter 59,400

Nous estimons la perte des bêtes
  à 3 p. % par an; le nombre
  ci-dessus sera donc réduit en
  brebis ou béliers de 1,782

    Il restera 57,618

Lesquels à raison de 16 fr., font . . . . . .   921,888 fr.

Intérêt du capital employé, 10 p. %,
en raison des chances de pertes
par maladies, etc.   133,000

Intérêt des avances à faire pour la
nourriture; moitié de la somme à
5 p.%   23,042

Total des dépenses annuelles . 1,077,930 fr.

Revenus.

58,300 toisons, en portant
celles de deux agneaux
ou agnelles pour une toi-
son de brebis, à raison
de 5 livres par bête; et au
prix de 2 fr. la livre, lavée à dos (le marché à ce
taux étant offert pour plu-
sieurs années), font . . . .   583,000 fr.

Agneaux de l'année; quoique
les pertes soient compen-
sées par les agneaux dou-
bles, nous ne compterons
cependant que 30,000
agneaux au lieu de 36,000
de race croisée, évalués à
20 fr. l'un, ci ensemble. .   600,000

38,000 agneaux et agnelles
devenus antenois et ante-

A reporter . . . .   1,183,000 f. 1,077,930 f.

Report...... 1,183,000 1,077,930 f.

noises, et ayant gagné
une valeur de 10 fr. par
tête................. 380,000

Revenu........... 1,563,000 1,563,000 fr.

Bénéfice, la première année......... 485,070

Le capital avancé pour achat étant de.. 1,330,000 fr.
Les frais de nourriture et d'entretien
et les intérêts, de.............. 1,077,930
        En total, de............. 2,407,930 fr.

Le bénéfice net, les intérêts payés, sera par an
de 20 p. 100.

Avant de reprendre les éléments des calculs pré-
cédents et de répondre aux objections qu'on pourrait faire, nous indiquerons les garanties qui sont
offertes.

Les directeurs de la filature de laine peignée de
Marcq en Barœuil s'engagent à prendre pendant
six ans, et à raison de 2 fr. la livre, toutes les laines
longues provenant des croisements des béliers anglais ou hollandais avec des brebis mérinos et métis, à la condition que le tarif et les lois de douanes
ne seront pas modifiés pendant cette période. Ce
prix sera plus élevé, lorsqu'on fournira des laines
bien lavées, qui seront dégagées des substances
terreuses et du suint.

Des propriétaires et fermiers offrent de nourrir
et d'entretenir des troupeaux composés de béliers

hollandais et anglais, de brebis agnelles mérinos et métis aux conditions et prix fixés plus haut. Mais on conseille aux propriétaires de troupeaux de ne les confier qu'aux cultivateurs ayant un intérêt de moitié ou au moins d'un quart dans les chances de bénéfices ou de pertes. On retiendrait sur les premières ventes de béliers et de laine une somme destinée à servir de garantie aux propriétaires.

On pourrait aussi stipuler que l'entretien d'une brebis qui perdrait son agneau ou n'en donnerait pas, ne serait évalué qu'à raison de 10 fr. par an ; et même qu'on ne devrait aucune indemnité de nourriture et d'entretien pour les bêtes mortes dans le courant de l'année ; ces conditions ou d'autres analogues obligeraient les fermiers à donner tous leurs soins à l'éducation de ces races précieuses.

D'après ces arrangements, le capital primitif à fournir par la société se trouverait très-réduit, et on aurait toute garantie du succès de l'entreprise.

Les troupeaux ainsi établis augmenteraient rapidement, d'après une loi de progression, que nous déterminerons, en évaluant la perte des antenoises et bêtes formées à 3 pour 100 par an, et celle des agneaux à 10 pour 100.

Les troupeaux formés du 1er mars au 31 août, seront ainsi composés :

Brebis portières 38,400
Agnelles. 38,000
Béliers. 1,200
Agneaux 1,200

Total. 79,200 79,200

Report....

Nombre de bêtes à la fin de la 1re année, déduction faite de toute chance de
perte.......................... 110,370
Nombre de bêtes à la fin de la 2e année.. 172,090
— à la fin de la 3e *Idem*.. 244,660
— à la fin de la 4e *Idem*.. 349,840

En cherchant la loi d'accroissement de ces nombres, on trouve que la raison de la progression est 0,4206 : ainsi, en multipliant successivement le nombre des moutons à la fin d'une année par ce rapport, ou ses puissances, on obtiendra successivement le nombre de moutons à la 5e, la 6e, etc., année.

A la fin de la 10e année, le nombre des bêtes sera de 2,469,235.

Chaque année, les troupeaux importés d'Angleterre et de Hollande fourniront des béliers pour remplacer les anciens et croiser les antenoises métis; afin de ne laisser à la race nouvelle qu'un quart de sang mérinos ou même un huitième.

Nous n'avons pas tenu compte de la valeur des béliers inutiles qui devront être vendus chaque année. Le prix de ces béliers donnera le moyen de remplacer par de jeunes agnelles choisies, les bêtes perdues par maladies ou celles de réforme, sans augmenter le capital primitif et sans arrêter la progression de l'accroissement du troupeau.

L'administration de l'association, conduite avec économie et intelligence, parviendra facilement à couvrir la totalité des frais de nourriture et d'entretien, par la vente des toisons.

En effet, chaque bête métis donnant dix livres de laine, la valeur moyenne d'une toison sera au moins de vingt francs; et on a l'assurance de trouver dans les départements intérieurs des fermiers qui s'engageront à nourrir les bêtes et l'agneau à raison de 15 fr. par an. Ajoutons encore 5 fr. pour toute chance et frais extraordinaires, la dépense totale sera de 20 fr., comme la valeur des laines, de la brebis et de l'agneau. L'accroissement en nombre et en valeur des troupeaux représentera donc le capital et le bénéfice. Nous tâcherons d'évaluer l'avoir de l'association après dix ans.

Le capital primitif est porté à   1,330,000 fr.

Il s'élèvera après dix ans, avec les intérêts composés, comptés à raison de 6 p. 100, à.........   2,384,000

Comparons cette somme à la valeur du troupeau.

Après cette période, toutes les bêtes seront, ou de races anglaises ou hollandaises, ou de métis de mérinos et bêtes indigènes, croisés avec des béliers de race anglaise ou hollandaise; chaque bête donnant une toison d'une valeur de 20 fr. par an, ne saurait être estimée moins de 60 fr. les brebis portières et les béliers, et de 10 fr. les agneaux et agnelles.

On aura, d'après cette évaluation :

1°. 1,728,235 brebis portières ou béliers et antenois à 60 fr...   103,694,100 fr.

2°. 741,000 agneaux à 10 fr...   7,410,000

Total..............   111,104,100

Le produit en laine sera, à rai-
son de dix livres, lavée à dos, de.   17,282,235 liv.

Et la valeur à raison de 2 fr. la
livre, de....................   34,564,470 fr.

Ainsi, en supposant qu'à cette
époque, notre consommation intérieure en moutons, laines, étoffes de laine, ne fût pas augmentée,
les troupeaux ainsi formés nous affranchiraient des
importations actuelles qui sont de 200,000 moutons,
de 18 millions de livres de laine, évalués ensemble
par les douanes à 30 millions.

Quelque prodigieux et miraculeux que soient ces
résultats, ils sont loin de ce qui a été tenté et obtenu en Angleterre, où le nombre des moutons est,
sur une étendue des deux tiers de la France, de
cinq millions plus considérable; où chaque bête a
un poids moyen plus que double, et se vend à un
prix ordinairement triple.

Pour réaliser de semblables améliorations, il ne
manque en France ni de capitaux, ni de propriétaires ou fermiers pour prendre des cheptels, ni de
moyens d'employer les laines : il ne faut qu'une association de propriétaires et capitalistes éclairés et
persévérants, formée pour atteindre ce but.

Nous indiquerons les bases de la Société à établir,
en faisant remarquer toutefois que des résultats analogues peuvent être obtenus par de grands propriétaires ou capitalistes; ou par des cultivateurs intelligents, ayant assez de terrains et d'aisance pour élever
des troupeaux de trois à quatre cents bêtes.

Bases du contrat de société a passer entre des propriétaires ou capitalistes, et des fermiers pour élever des troupeaux a laine longue.

⸺⸺⸺

Nous pensons que l'association doit être établie sur des bases larges et simples, en choisissant les cultivateurs les plus estimés, en faisant concourir au succès le zèle de l'intérêt particulier et le désir d'obtenir la considération publique.

Des propriétaires et capitalistes formeront le capital nécessaire à l'achat des bêtes, et nommeront, parmi les hommes les plus capables de l'association, des administrateurs chargés d'agir et de tout régler.

Ces commissaires distribueront les troupeaux par lots composés chacun de 120 brebis mérinos ou métis, de 4 béliers et 2 agneaux de race hollandaise, d'un bélier et d'un agneau de race anglaise, en tout 128 bêtes. Ils exigeront de chaque agriculteur, ayant un cheptel, une caution ou un cautionnement fourni par un actionnaire, ou par toute autre personne solvable. Le prix du troupeau sera porté au compte du fermier, qui entrera pour moitié ou au moins pour le quart dans les chances de bénéfices et de pertes, et qui consentira à être responsable des pertes au-delà des limites fixées, moyennant une indemnité convenue.

Il sera alloué pour la nourriture du troupeau une

somme fixée par bélier et par brebis, l'agneau compris ; et on déduira le prix convenu pour la perte, par une cause quelconque, d'un bélier, d'une brebis ou d'un agneau. On considérera comme perte d'agneaux la différence en moins entre le nombre des brebis portières et celui des agneaux, et comme bénéfice la différence en plus qui sera payée à un taux par tête également réglé.

Le détenteur ne pourra avoir à son compte aucun autre troupeau, et il lui sera interdit de vendre directement lui-même, d'acheter, d'échanger ; les commissaires ayant seuls le pouvoir de décider tout ce qui est relatif aux achats et ventes.

A l'époque de la tonte, des inspecteurs pris parmi les actionnaires assisteront, ou se feront représenter à cette opération dans les fermes ; et les toisons seront numérotées, pesées et immédiatement expédiées dans les magasins de la société, ou dans les fabriques désignées. Ils feront de même les réformes des troupeaux, les ventes et les remplacements nécessaires.

Les inspecteurs d'un arrondissement seront choisis dans les associés résidant dans la contrée, et se réuniront au nombre au moins de trois, pour faire les réformes, ventes et achats. Ils auront le droit de reprendre les troupeaux mal tenus, de les donner à d'autres fermiers, d'augmenter ou d'en réduire le nombre ; et seront tenus de faire un rapport à l'assemblée générale annuelle, sur chaque établissement agricole.

Des primes seront distribuées aux cultivateurs qui auront conservé le plus grand nombre d'agneaux, élevé les plus beaux, ou obtenu les métis

les plus précieux par la beauté des formes , la longueur et la finesse de la laine.

Le journal de la Société publiera annuellement
les noms des propriétaires les plus éclairés et les plus
soigneux ; la liste des prix proposés et les documents recueillis sur les variétés de races obtenues
par les croisements ; enfin les comptes rendus des
dépenses , achats et revenus de la Société.

DES LOCALITÉS CONVENABLES A L'ÉDUCATION DES MOUTONS A LAINE LONGUE.

Cette race, en général la plus forte, a besoin de bons pâturages et de supplément de nourriture à l'étable ; car la grosseur, de ces bêtes, l'abondance et la longueur de leur laine, sont principalement dues à la fertilité des pâturages.

Ces moutons réussiront bien et donneront de grands bénéfices dans les contrées d'un accès difficile, où le sol et les produits ont peu de valeur, où l'on peut se procurer des pâturages abondants et à bas prix.

Le voisinage de la mer et les grands marais offrent des ressources dont on ne tire maintenant qu'un faible parti ; parce que les moutons ordinaires qu'on y laisserait prendraient bientôt la pourriture.

Quoique les moutons à laine longue, en général d'une forte taille, soient plus robustes et prospèrent sur un sol même humide et funeste à des bêtes plus délicates, il est essentiel de prévenir qu'on ne doit pas imprudemment les exposer à toute heure, en toute saison et sans précaution, sur des terrains marécageux.

Il paraît bien constaté que la pourriture, et les diverses maladies de foie, sont occasionnées par l'influence de la rosée et des pâturages humides en automne. On ne doit donc envoyer les troupeaux au pâturage dans les prés bas ou marécageux qu'au printemps et en été; et en toute saison, après la rosée, et lorsqu'ils ont passé sur des terrains secs, ou fait un premier repas à l'étable.

Nous recommandons, comme localités les plus favorables à l'établissement des troupeaux à laine longue, les fermes attenant à de grandes forêts des particuliers.

Quelque sévère que soit l'ancien code forestier, ou que puisse être le nouveau, il est impossible de supposer qu'on songe à empêcher un propriétaire de bois de les percer par tel nombre de routes qu'il juge convenable; de leur donner les directions, les dimensions de son choix; d'employer à tel usage qu'il préfère les nombreuses et larges allées de ses forêts.

En ouvrant en divers sens des routes de 30 et 40 mètres de largeur en ligne droite dans les bois en plaine, des chemins en pentes douces dans ceux en montagnes, les propriétaires des forêts obtiendront à la fois de plus beaux bois, de bons pâturages, et la possibilité de détruire les loups qui désolent les contrées boisées.

Nous avons indiqué l'efficacité, la nécessité et la légalité de cet aménagement, dans le Mémoire sur l'agriculture de la Flandre.

Quelles que soient la position, la qualité des pâturages, on peut nourrir avec profit des races à longue laine, partout où les fourrages sont assurés, abondants et à bas prix. On remplace, dans les contrées peu fertiles ou dans les années mauvaises, par des distributions à l'étable, ce qui peut manquer en

certaines saisons aux pâturages. Si, tous frais de nourriture, d'entretien, de bergers payés , une brebis du
poids de cinquante livres environ, et son agneau,
ne coûtent que 16 fr. , on ne doit pas hésiter à élever des moutons à longue laine. Les bénéfices annuels qu'on en retirera dépasseront ceux que l'on
obtiendrait par tout autre emploi des pâturages et
des récoltes.

4

DES ASSOLEMENTS ET DES IRRIGATIONS FAVORABLES A L'ÉDUCATION DES MOUTONS.

La force et la santé des agneaux dépendent en partie de la bonté et de l'abondance du lait de la mère, ou de la quantité et de la qualité des aliments qu'elle reçoit. Dans la plupart des fermes, le cultivateur livré à une invariable routine et à l'imprévoyance de la misère, sème de l'orge après le blé, et laisse reposer ou plutôt infecter la terre de mauvaises herbes. En hiver il ne peut donner à ses troupeaux que des fourrages secs, souvent en quantité insuffisante. Toutes les races d'animaux domestiques s'abâtardissent en de telles mains; les brebis souvent maigres et maladives, perdent leur laine et leurs agneaux qu'elles ne peuvent allaiter.

Il est indispensable de remplacer les jachères par des fourrages verts, et par des plantes légumineuses, qui, distribués en hiver aux troupeaux, leur conservent la force et la santé, et donnent aux mères un lait épais et abondant. Ces méthodes, recommandées par les agronomes, ne sont suivies que par un petit nombre de fermiers.

Ils est dans quelques localités une autre ressource plus efficace encore qui n'exige que de l'intelligence et procure de plus grands résultats; on ne conçoit en France les avantages des irrigations que dans les pays de montagnes, et on ne fait usage des eaux, pour fertiliser le sol, qu'au printemps et en été. Des expériences anciennes renouvelées récemment dans diverses contrées ont montré les bénéfices extraordinaires que procurent les irrigations d'automne et d'hiver bien conduites.

Lorsqu'un sol bas est voisin d'un ruisseau ou d'une rivière, on doit chercher les moyens d'y amener de l'eau et de tenir le terrain inondé par des eaux courantes dans les mois de septembre et octobre.

On a remarqué que les pluies périodiques et abondantes de l'automne tombant sur un sol dépouillé et nu, entraînent les sucs et engrais des terrains en pente, et fécondent les terres inférieures où elles séjournent. On peut remplacer par l'art ces effets naturels et conduire par des rigoles les eaux des ruisseaux sur les sols bas.

En couvrant fréquemment en hiver la superficie des prairies par une lame d'eau courante, on se procure, dans les premiers jours du printemps et un mois ou deux avant toute végétation, une herbe tendre, succulente, qui fournit aux brebis d'excellent lait, et aux agneaux une première nourriture qui les développe rapidement.

Ces pâturages précoces ont la même influence sur les vaches, les veaux et les cochons, et les engraissent rapidement dans une saison où la nourriture verte est très-rare.

Les bénéfices à obtenir par ces prairies précoces sont si considérables qu'ils paient largement les dépenses des travaux faits, soit pour disposer le terrain en pentes régulières, soit pour diriger les eaux avec leur pente naturelle, soit même pour les élever avec des machines.

Depuis long-temps on s'est occupé en Angleterre et en Écosse des dispositions les plus convenables à donner aux terrains pour rendre les irrigations plus efficaces, et on a dépensé dans ce but et avec profit jusqu'à 3 et 4,000 fr. par hectare, c'est-à-dire beaucoup plus que la valeur vénale du sol.

Dans nos montagnes, on se borne à conduire les eaux prises dans les parties supérieures; à les diriger dans un canal de niveau d'où elles sont abandonnées à elles-mêmes; mais une taupinière, le moindre mouvement de terrain détourne le courant qui descend avec rapidité, le lave au lieu de l'engraisser, ou ne s'étend que sur une faible partie du sol.

La distribution des eaux exige beaucoup d'habileté et d'expérience pour former les surfaces du sol et déterminer les dimensions des planches et les pentes des rigoles.

Il est avantageux de partager le terrain par des canaux ou rigoles parallèles avec pentes douces, distantes entre elles de quinze pieds environ. Les eaux s'échappent lentement et régulièrement sur toute l'étendue.

Aucune amélioration agricole ne donne d'aussi grands bénéfices; car il n'en est pas qui contribuent autant à la prospérité des troupeaux, sans lesquels on ne peut obtenir de grands produits du sol.

Il serait impossible d'assigner pour la dépense et la conduite des irrigations de ce genre, des règles générales; chaque localité en nécessite de particulières que l'art et l'expérience peuvent seuls déterminer.

Il est nécessaire encore d'ajouter à l'avantage de la méthode d'arrosage que si les pâturages naturellement humides et marécageux sont funestes, les prairies du printemps rendues précoces par l'influence des irrigations d'automne, quelque humide que soit le sol, ne sont jamais dangereuses. Les prairies humides occasionnent en automne la pourriture ou la lésion du foie, par des limaçons qui recouvrent alors les plantes; l'hiver les ayant fait tomber, le danger ne pourrait exister au printemps que dans les contrées où il ne gèle pas.

Les bénéfices que donnent les prairies arrosées en automne paraissent assez grands pour employer les chutes des rivières à élever les eaux au-dessus du niveau des prairies voisines, et sacrifier des usines aux améliorations de ce genre, beaucoup plus productives que des moulins dans certaines localités.

OBSTACLES QUI S'OPPOSENT A LA MULTIPLICATION DES
RACES PRÉCIEUSES.

La plupart des grandes propriétés sont vendues, partagées, et arrivent nécessairement à ceux qui peuvent en donner le plus haut prix, aux cultivateurs ; par malheur les habitants des campagnes, isolés par le mauvais état des routes, peu éclairés, redoutent les innovations. Le perfectionnement des races ne saurait être heureusement obtenu que par de grands propriétaires résidant dans leurs domaines ; mais le nombre diminue d'année en année, parce que le système intérieur d'administration semble plutôt les éloigner de leurs terres que de les convier à la campagne.

Les forêts de l'état, des communes ou des particuliers contenant ensemble 6,536,000 hectares, présentent sur quelques points des masses continues de cinquante mille arpents. Sur toute cette superficie on ne compte que 400,000 arpents de futaies ; le reste est aménagé en taillis ou avec taillis sous futaies.

La conservation relativement aux délits est bien surveillée ; mais nul moyen efficace n'est employé, n'est même possible, pour détruire les loups. Le nombre en est si considérable qu'ils désolent les contrées des environs, détruisent les troupeaux de moutons, attaquent les vaches, les chevaux, les hommes mêmes.

Quelle prévoyance est permise au cultivateur établi dans le rayon d'exploitation de ces loups, c'est-à-dire à dix lieues aux environs de ces forêts? Doit-il importer à grand frais des troupeaux de race précieuse, lorsque dans une seule nuit et en plein jour il peut les perdre, et avec eux ses économies de beaucoup d'années, et ses espérances?

Il est bien constaté que des bois aménagés comme le prescrivent nos codes, ne donnent que de faibles revenus. Le système forestier atteste l'état de barbarie des premiers siècles : les arbres, comme les autres plantes, exigent de la culture, des soins annuels, des assolements bien entendus ou le renouvellement des espèces. Les plus grands bénéfices sont obtenus par des plantations, des élagages, en faisant pénétrer l'air, la lumière, l'eau surtout dans les localités qui le permettent. Des prairies plantées de beaux arbres bien soignés, fournissent au commerce, à la marine et aux propriétaires plus de ressources que les bois aménagés d'après le système ordonné par nos codes; système le plus vicieux possible.

Mais à ne considérer les forêts que sous le point de vue qui nous occupe, il faut ou renoncer aux améliorations des races de moutons dans tous les départements boisés, ou aviser aux moyens de détruire les loups.

En ordonnant dans les bois de l'état l'ouverture de routes de cent pieds de largeur, en assez grand nombre pour réduire chaque bouquet à 25 hectares,

et en affermant les pâturages des allées, à la condition d'entretenir les fossés et clôtures, et de tuer
ou d'empoisonner les loups de la forêt; on retirerait
de plus grands revenus, et on arriverait bientôt à
se garantir du plus grand fléau qui désole les agriculteurs propriétaires de troupeaux précieux.

Il serait, à plus forte raison, nécessaire de laisser
aux propriétaires des forêts en plaine, toute liberté
d'en disposer à leur gré. Seuls ils connaissent, dans
chaque localité, l'aménagement ou la culture la plus
convenable à donner; et le plus ignorant ne pourrait inventer une méthode plus ruineuse pour le public que le système prescrit par le code forestier.

La race des bêtes à laine longue prospérerait dans
les pâturages établis dans les forêts, au moyen de
nombreuses et larges avenues qui laisseraient un
libre cours à l'air et à la lumière. Les herbes des
allées que l'ombre des arbres rend aqueuses ne
conviendraient pas aux mérinos, beaucoup plus
délicats et plus sujets à la pourriture.

Les craintes sur le déboisement de la France
sont maintenant jugées, et il serait aussi facile de
montrer l'utilité de réduire les grandes forêts, que
la nécessité de planter les bords des champs et toutes
les montagnes fortement inclinés, en arbres de futaie
convenablement espacés. Nous approchons d'une
époque où les bois taillis ne rendront qu'un intérêt
très-faible du capital d'acquisition; le charbon de
terre devant remplacer le bois dans toutes les forges,
fonderies, manufactures qui en font une grande consommation. ·

DES DROITS DE DOUANES IMPOSÉS SUR LES MOUTONS ET SUR LES LAINES.

Le tarif des droits à prélever sur l'importation des moutons, des laines, des étoffes, donne lieu, comme tous les autres articles de douanes, aux assertions les plus opposées ; les agriculteurs demandent la prohibition des moutons et des laines de l'étranger ; les fabricants réclament la franchise pour les laines, la prohibition des étoffes ; les consommateurs veulent une liberté absolue, ou du moins la réduction des droits.

Des enquêtes générales où les divers intérêts et toutes les capacités seraient consultés comme en Angleterre, pourraient seules faire apprécier le mérite des oppositions et des réclamations en sens divers.

Nous essaierons de résoudre la question des douanes relativement à l'agriculture.

Les plaintes des propriétaires fonciers ont fait augmenter successivement les droits d'importation sur les produits étrangers ; mais les prix de ces produits ont aussitôt et d'autant baissé dans ces contrées, qui ont besoin d'exporter : ainsi les mêmes quantités de productions étrangères sont annuellement introduites. Les changements de tarif n'ont donc amené d'autre résultat que de grever la con-

sommation en augmentant la recette des douanes ;
l'agriculture n'a nullement gagné par ces changements.

Par réciprocité, les nations voisines, mécontentes,
ont augmenté leurs tarifs sur les vins et autres
marchandises; en sorte que la mesure provoquée
par les agriculteurs ne leur a été d'aucune utilité,
mais est devenue très-funeste aux pays vignobles.

La législation sur les grains paraît plus extraordinaire encore; en effet, il n'est permis d'exporter
que lorsque les prix sont au-dessous du minimum
fixé, et on ne peut importer que lorsque les prix
sont au-dessus du maximum déterminé : d'où il résulte que la France n'achète les grains qu'à des
taux très-élevés, qu'elle ne les vend qu'à des prix
très-bas, et que les sommes dépensées dans une
seule année de disette en importations de blé sont
plus considérables que celles retirées par dix années
d'exportation.

Les magasins des villes d'entrepôts, comme Marseille, se remplissent de blés achetés dans le Levant
au plus vil prix, et tous ces blés sont jetés subite-
ment dans l'intérieur aussitôt que la limite de l'importation est passée; les départements du Midi qui
cultivent peu de céréales sont ainsi encombrés pour
plusieurs années; et les départements de l'Est et
de l'Ouest qui ont un excès de produits, n'ont plus
la possibilité de vendre et éprouvent des pertes incalculables.

Si le gouvernement est tenu d'assurer la subsis-
tance des villes, il doit aussi protéger le cultivateur,
sur lequel il prélève une partie de ses récoltes, non

en nature, ce qui serait plus juste, mais en argent, à quelque prix que soient les céréales. En admettant l'importation des productions étrangères d'une valeur souvent moitié moindre, on met l'agriculteur dans la nécessité de vendre à un prix égal ou même inférieur à celui de fabrication : on consomme sa ruine.

Il semble nécessaire, avant de fixer un tarif pour l'importation des céréales, de comparer les prix du blé dans les divers états, d'examiner la situation géographique et politique des contrées étrangères qui nous fournissent le blé au plus bas prix.

Le tableau suivant nous servira à motiver notre opinion.

État du prix moyen de l'hectolitre de froment sur les principaux marchés, en décembre 1824.

Angleterre	27 66	Toscane	14 04
Anvers	13 03	Sicile	15 01
Amsterdam	11 93	Santander	10 76
Stettin	9 12	Baltimore	14 69
Hambourg	8 81	New-York	12 23
Dantzick	10 03	France, prix moyen	16 08
Odessa	8 66	Lille	18 17
Trieste	10 75	Douai	15 62
Naples	11 11	Valenciennes	17 »
Civita-Vecchia	11 »		

A l'inspection de ces données, on reconnaît que si la France et l'Angleterre surtout, admettaient le commerce libre du blé, les agriculteurs de ces royaumes seraient ruinés.

Le cultivateur qui produit le blé paie en France

les impôts directs mis sur le sol, sur sa maison, sur
le sel; il paie la rente du propriétaire du terrain, et
les impositions indirectes qui pèsent sur les journa-
liers et ouvriers qu'il emploie. Il faut donc que le
prix du blé et autres produits vendus rembourse ces
diverses sommes et suffise à l'entretien de sa famille.

Les impôts et la rente du terrain ne sont pas rem-
boursés annuellement par les productions du sol;
quelques champs, par une déplorable méthode, restent en jachère et exigent des travaux sans donner
de récoltes; d'autres ne fournissent que la nourriture nécessaire aux troupeaux et à la famille. Ce
n'est en général que par la récolte du blé que les
fermiers, dans les pays pauvres, retirent le montant
du fermage et des autres dépenses courantes.

Si, tout compte fait, et y compris les frais de
transports par des chemins difficiles pour arriver au
marché, chaque hectolitre revient au cultivateur à
12 fr., on ne peut admettre aucun blé étranger,
sans imposer la même somme à l'importation.

En Angleterre les impôts sont plus élevés qu'en
France; aussi le blé est beaucoup plus cher et l'importation est toujours prohibée, à l'exception des
temps de disette.

Nous voyons qu'à Hambourg le prix du blé est
de 8 fr. 81 c., et à Odessa de 8 fr. 66 c.; il est facile
de se rendre compte des causes qui déterminent ce
bon marché relativement aux prix des autres marchés.

Le blé de Hambourg vient de la Pologne, où les
paysans sont serfs et coûtent peu à entretenir. La
terre n'est pas imposée, et le seigneur qui possède

des domaines très-étendus, se contente d'un faible revenu; le blé se fabrique donc à bien meilleur marché qu'en France.

A Odessa, le blé est à plus bas prix encore; la terre plus féconde sous une latitude plus élevée ne paie ni rentes ni impôts; les cultivateurs accoutumés à une nourriture grossière ne reçoivent aucune rétribution et dépensent peu en frais d'habitation et d'habillement sous le ciel le plus beau.

La France placée dans des circonstances si contraires, ne peut admettre la liberté de commerce; aussi a-t-on remarqué que le tarif trop bas des droits mis à l'importation a déjà causé des pertes incalculables à l'agriculteur, et, pour ainsi dire, la ruine de plusieurs départements. Il faut de toute nécessité réduire en France comme en Angleterre les impôts qui pèsent sur le sol; ou augmenter les droits d'importation, et n'admettre le blé étranger que lorsque le prix en France est beaucoup plus élevé que le maximum actuel déterminé par la loi.

Quant aux droits d'exportation, à moins de guerre ou de circonstances extraordinaires, qui d'ailleurs ne peuvent agir sur tout le monde à la fois, la France doit désespérer de vendre du blé ou d'autres céréales au dehors, parce que le blé français trouvera sur tous les marchés ceux venant de Pologne, d'Odessa, des États-Unis, dont le sol n'étant pas imposé, doit fournir des produits à beaucoup meilleur marché.

Il est nécessaire sans doute de prévenir les disettes et d'assurer l'importation du blé, lorsque la récolte a manqué; mais n'est-il pas à craindre qu'au lieu de combler seulement le déficit, on n'importe

beaucoup au-delà des besoins, et que les blés tirés
des pays exempts d'impôts, donnés à des prix plus
bas que les frais de production en France, n'occasionnent de nouveau la ruine des cultivateurs ?

Ne serait-il pas possible d'obliger chaque ville à
traiter, comme la capitale, avec des fermiers ou négociants pour assurer en tout temps les approvisionnements nécessaires à la consommation du peuple
pendant une année. Des commissaires s'assureraient
chaque mois de l'existence des magasins, de la qualité du blé, de leur renouvellement.

On achèterait dans les années d'abondance, on
vendrait dans les années de disette, en renouvelant
chaque année une partie des approvisionnements,
on maintiendrait ainsi un prix plus uniforme.

Au reste, les progrès de l'agriculture éloignent le
retour des disettes, parce que la variété des produits qui mûrissent à des époques différentes assure
la réussite de plusieurs. Les pommes de terre plus
généralement cultivées sont moins exposées aux in-
tempéries et fournissent chaque année une nourriture abondante et saine. Les gelées, les pluies ou
la sécheresse en réduisent plus ou moins l'abondance, mais ne sauraient pas en arrêter la production, qui pourrait suffire pendant huit mois, chaque
année, à la population entière.

Les observations précédentes s'appliquent également à la législation sur le tarif des droits d'importation sur les moutons et les laines. Chaque mouton
doit rembourser, par la toison et les agneaux, le
montant des impôts établis sur la nourriture qu'on
lui a donnée, sur le sel qu'on lui distribue, sur

l'étable où il est renfermé, sur le berger qui le conduit. Il doit, en outre, payer la rente du sol avancée par le fermier; le reste de la valeur du mouton est l'équivalent des soins du fermier.

Mais le cultivateur français qui conduit son troupeau ou ses laines aux marchés ne pourrait les livrer au même prix que ceux de la Suisse et de l'Allemagne où l'impôt sur la terre et sur le sel est très-faible; et que les propriétaires de troupeaux de Crimée, où les moutons sont abandonnés toute l'année sans abri, sans berger, sur des pâturages fertiles non imposés.

· En Crimée, à l'époque de la tonte, on conduit les troupeaux sur les bords de la mer; on en tue une partie pour enlever la peau et la laine. La chair qui n'a nulle valeur est jetée à la mer. Des bancs d'esturgeons sont attirés et pêchés; on enlève les œufs et quelques parties précieuses de ces poissons; le reste est de même rejeté à la mer, la chair du mouton et du poisson n'ayant aucune valeur dans ce pays si fertile et si peu habité.

Les laines de Crimée transportées en Italie et à Marseille ne valent pas au-delà de 9 sous la livre, malgré la difficulté actuelle et momentanée des communications. Si on les admettait en concurrence avec celles de la France, le prix de celles-ci tomberait au-dessous de la valeur nécessaire pour payer l'impôt et la rente du sol; les cultivateurs français devraient renoncer à élever des moutons et ne pourraient payer les prix de fermage. Il faut donc par le tarif des douanes faire peser sur les productions importées la totalité des impôts prélevés sur celles indigènes.

On ne conçoit pas pourquoi les lois sur les importations et les exportations sont proposées par l'administration des douanes, qui est étrangère à tous les intérêts que cette législation touche. Les propriétaires, fabricants, agriculteurs et consommateurs paraissent seuls aptes à éclairer les questions d'une si haute importance, qui ne peuvent être convenablement résolues qu'après avoir été profondément méditées, publiquement et long-temps discutées par tous les hommes versés dans l'étude de l'économie politique. Mais cette science si importante par son influence sur le bonheur et la puissance des nations, reste pour ainsi dire étrangère, et n'a été encore ni classée ni admise dans nos académies.

DE L'EMPLOI DES LAINES LONGUES A LA FILATURE DE MARCQ.

Les laines longues dont la France manque totalement sont tirées de la Hollande, particulièrement de la Frise et de la Nort-Hollande. On en distingue de diverses qualités; les plus estimées sont l'extra-blanche, la superfine, la fine. Dans les assortiments on admet pour un quart les laines de bêtes grasses tuées pour la boucherie. Cette laine qui est considérée comme la plus mauvaise en France, parce qu'on la sépare du cuir au moyen de la chaux qui l'altère, est réputée de qualité supérieure en Hollande, où l'on se borne à échauffer les cuirs dans une étuve pour la détacher ou l'arracher sans l'altérer. Cette laine dite des bouchers est plus pleine, plus nerveuse, plus douce, comme provenant d'animaux mieux nourris et plus gras.

Les laines longues de Hollande arrivent à Tourcoing, où elles sont préparées pour être filées. Toutes ces opérations se font à la main sans emploi de machines.

Les laines sont lavées avec soin dans de l'eau de mares ou de pluie, séchées sur l'herbe, et portées dans les magasins. Là des ouvriers coupent les pointes des mèches qui restent collées par le crottin et le suint, et séparent ces déchets qu'on passe à la carde. D'autres ouvriers trient les laines mèche par

5

mèche, et en font cinq tas de qualités différentes, savoir : 1° l'extra-blanche ; 2° la superfine ; 3° la fine ; 4° la grosse ; et 5° l'extra-grosse. Les laines ainsi préparées sont lavées une seconde fois dans des lessives alcalines chaudes ; on en fait des cordons qu'on tord pour l'égoutter. Les peigneurs prennent ces cordons encore humides, les ouvrent, les passent dans les triples dents d'un peigne successivement présenté sur un brasier ardent, et trempé dans une jatte pleine de beurre. Le peigneur enlève les flocons de laine, les nœuds, la poussière et tous les corps étrangers ; il dispose les brins dans leur longueur et opère une première préparation ou filature.

Les poignées, qu'on nomme peignons, d'un mètre de longueur, du poids d'une livre environ, grosses dans le milieu, effilées dans les bouts, sont expédiées sous cette forme aux négociants de Reims, de Beauvais, d'Amiens, qui les font filer dans les campagnes environnantes.

Jusqu'ici ces laines étaient filées à la main, passaient par vingt personnes et parcouraient plusieurs fois les mêmes routes dans plusieurs départements avant d'arriver du producteur au consommateur.

Ayant reconnu qu'en Angleterre le peignage et la filature de la laine longue se font plus vite, beaucoup mieux et à meilleur marché avec des machines, et que c'est en partie par l'économie que donnent ces procédés que l'Angleterre s'est emparée du monopole du commerce des étoffes de laine ; j'ai proposé à un de mes amis d'élever une grande filature de laine, et d'y employer les machines et les procédés les plus perfectionnés.

EMPLACEMENT DE LA FABRIQUE.

Nous avons choisi, pour l'emplacement, les bords d'un canal navigable et d'une grande route pavée, le voisinage d'une ville impartante et commerçante, une contrée où toute la population est manufacturière, et voisine de l'Angleterre et de la Belgique, enfin un point intermédiaire entre Lille, Gand et Anvers, et surtout entre Lille, Tourcoing et Roubaix. Par cette position, les fondations à peine commencées, l'établissement a été connu.

Les transports du charbon, des matières premières, des marchandises fabriquées, se feront au plus bas prix; on obtiendra aux meilleures conditions les meilleurs ouvriers; on ne paiera aucun droit d'octroi. Ces divers avantages augmenteront de plus d'un quart les bénéfices nets, et empêcheront long-temps toute concurrence.

DES MACHINES EMPLOYÉES ET DES PRODUITS FABRIQUÉS.

Les machines à tisser la laine longue pour lesquelles nous avons obtenu un brevet d'importation, remplissent parfaitement le but qu'on voulait atteindre; elles donnent à volonté des fils plus ou moins gros, plus ou moins tordus, et les qualités diverses demandées par les fabricants; elles procurent une économie de plus de moitié sur les préparations et la filature.

Nous avons également des brevets pour la machine à peigner la laine et pour celle à flamber les fils et étoffes. La première réduit la main d'œuvre et les déchets, et permet de fournir toutes les laines employées par les métiers à filer. La seconde enlève les duvets intérieurs et saillants des étoffes; elle donne aux poils de chèvre, bombosines, et aux tissus de coton le brillant de la soie, le poli du lin, et double la valeur de ces tissus. Cette préparation se fait au moyen d'une pompe aspirante qui oblige la flamme du gaz de passer à travers l'étoffe; elle est plus complète que le grillage, qui ne détruit que le duvet saillant et manque rarement d'altérer le tissu. D'autres machines seront employées à tisser et à fabriquer des étoffes mérinos, des flanelles, des bombosines, poils de chèvre, et autres tissus faits avec la laine longue.

L'établissement sera éclairé au gaz, au moyen des

appareils les plus perfectionnés. On se servira de la vapeur pour chauffer les divers ateliers et particulièrement ceux du lavage des laines et de teinture.

La filature, où l'on emploiera deux pompes à vapeur de la force ensemble de 50 chevaux, est disposée pour préparer et filer mille kilogrammes de laine par jour. Ces mêmes moteurs serviront au tissage des fils de laine, ou seuls ou croisés avec du lin ou de la soie.

Toutes les laines filées qui ne seront pas demandées par le commerce, seront employées à la fabrication de tapis ras, de bas, de flanelles (1). Mais il est probable que les administrateurs n'auront pas à s'occuper long-temps de ces fabrications; il ne peut manquer de s'élever à Lille et dans les villes voisines un grand nombre d'ateliers destinés à tisser les étoffes de poil de chèvre. L'établissement de Marcq se bornera dans ce cas à filer la laine.

(1) L'usage si général et si nuisible à notre agriculture des étoffes de coton, doit être uniquement attribué au bas prix de ces tissus, ou plutôt au perfectionnement des machines et au bon marché de la filature et du tissage du coton.

La laine brute et le lin sont à aussi bas prix que le coton, et seront bientôt filés, tissés et vendus au même taux. Alors les étoffes de laine et de lin devront être généralement préférées. La laine ne conduit pas la chaleur, elle n'absorbe pas l'humidité; qualités qui rendent les habillements de laine plus sains que ceux de coton, et doivent les faire préférer.

Le lin ne s'altère pas, comme le coton, par l'action de l'eau, de l'air et de la lumière, et il dure quatre fois plus.

Par ces diverses considérations, il est à souhaiter que bientôt la laine et le lin remplacent généralement le coton. La population des villes serait plus sainement et plus élégamment vêtue, et celle des campagnes jouirait d'une aisance jusqu'ici inconnue.

FILATURE A FAÇON.

L'administration de Marcq recevra des laines longues ou mérinos des propriétaires de troupeaux, ou
des marchands de laines et des fabricants; les fera
laver, peigner et filer à des prix et dans un temps
déterminés.

Les diverses opérations seront confiées à des employés intelligents, et à un contrôle qui assurera les
intérêts des correspondants.

On déduira des frais de façon, la valeur des
laines de déchet que donnent le peigne et la filature.

DE L'ACHAT DES LAINES LONGUES POUR LA FILATURE DE MARCQ.

En fondant l'établissement de Marcq, on s'est proposé d'encourager l'introduction des moutons à longue laine qui nous manquent; d'importer les machines à préparer, peigner, filer et tisser cette laine, très-supérieure pour divers usages; de diminuer en peu d'années de plusieurs millions le montant des importations en moutons, laines et tissus de laine; et de contribuer par cette grande entreprise aux progrès de l'agriculture et des manufactures.

Pour atteindre ce but, on a divisé le capital de la filature en beaucoup d'actions, afin d'associer un plus grand nombre de personnes, d'étendre l'instruction par l'attrait de la nouveauté et de l'intérêt, et d'assurer le succès par l'étendue et la variété des lumières des co-associés.

La création des troupeaux de moutons à longue laine est maintenant l'amélioration la plus nécessaire à notre agriculture et à nos fabriques; mais les essais étaient retardés par la crainte manifestée par les propriétaires de ne pouvoir vendre leurs laines; il était nécessaire d'ouvrir un vaste marché où toutes les laines de cette qualité seraient reçues et estimées par des experts exercés et irréprochables, et payées dans un délai court sans chance de perte.

Les propriétaires de troupeaux sont maintenant forcés de passer par l'intermédiaire de plusieurs courtiers et marchands qui s'interposent entre le vendeur et le fabricant; ils doivent quelquefois conserver leur laine plusieurs années et la livrer à des prix fort au-dessous du cours, par défaut de concurrence ou par suite de l'altération causée par l'humidité et les insectes.

Comme beaucoup de propriétaires et marchands salissent les laines à vendre, en y mêlant des corps étrangers qui en augmentent le poids d'un quart, de moitié, du double même, il en résulte que le prix de la laine dans le commerce est fort au-dessous de la valeur réelle, et que les propriétaires de bonne foi sont ainsi victimes des mélanges faits par quelques cultivateurs ou marchands avides.

A la fabrique de Marcq, ces inconvénients seront évités; chaque lot envoyé sera immédiatement lavé à fond, pesé, estimé par les arbitres jurés et payés comptant ou à courts termes; ainsi personne n'aura intérêt à envoyer des laines terreuses et sales, et chacun devra au contraire les laver avec soin pour diminuer les frais de transport.

Les opérations et les estimations seront faites sous la surveillance des agents de la compagnie désignés par les administrateurs, dont les noms garantiront la bonté des choix des employés et la sévérité dans les opérations et vérifications.

Les propriétaires qui enverront des laines, recevront en échange des bons sur le trésor ou sur les receveurs-généraux de leurs départements, ou, s'ils le préfèrent, des produits de leurs toisons en laines peignées, filées ou tissées, à des prix fixés pour les négociants en correspondance avec l'établissement.

Le tarif de la valeur des laines longues sera réglé d'après le prix des laines de même qualité, importées de Hollande et d'Angleterre. Il sera fixé tous les trois mois, et envoyé aux propriétaires en relation avec l'association de Marcq.

Comme l'établissement emploiera, avant la fin de 1826, de 300 à 400 livres de laine par jour, et en 1827, de 1,000 à 1,500 livres, il pourra, pendant bien des années, acheter toutes les laines longues que la France produira.

Il sera proposé à l'assemblée des actionnaires d'allouer une prime, fixée par eux, aux propriétaires de troupeaux appartenant en tout ou en partie à un actionnaire, ou à des personnes ayant un actionnaire pour caution, qui fourniront de la laine longue indigène, ou en plus grande quantité, ou la plus belle ; un jury serait choisi parmi les personnes les plus expérimentées de la contrée pour juger les laines et décerner les prix.

DESCRIPTION DES BATIMENTS DE LA FILATURE DE
MARCQ.

Les bâtiments formeront un carré ayant 300 pieds de côté, une largeur de 30 pieds, et plusieurs étages d'une hauteur variable selon l'usage auquel ils sont destinés. Dans le milieu de la cour sera élevé le bâtiment principal destiné à la filature; il aura 180 pieds de longueur, 42 de largeur et trois étages.

La face nord-ouest du carré, longeant la grande route de Lille à Menin et Gand, est destinée au logement du directeur fabricant et des ouvriers; celle nord-est, parallèle au canal de Roubaix, est employée sur une moitié aux ateliers de menuiserie, serrurerie, à la forge, aux tours, et sur l'autre moitié aux magasins de laines et au lavage et peignage; la face sud-ouest servira de magasin de laine et aux ateliers de préparation, et surtout aux entrepôts de laine peignée, filée et tissée; la face sud-est doit être employée au lavage de la laine, au séchage et à la teinture. (Voir la planche, fig. 2, 3 et 4.)

La grande filature placée au centre des bâtiments communiquera avec les magasins au moyen de deux ponts couverts qui permettront de porter la laine peignée et celle filée des magasins à la filature, et de la filature dans les entrepôts, sans descendre dans les cours.

Les machines à vapeur feront mouvoir non-seulement les métiers à filer et à tisser, mais les divers tours des serruriers et menuisiers, et toutes les machines destinées à préparer et peigner la laine.

On pense que la filature sera en pleine activité le 15 novembre; que le 1ᵉʳ avril, on filera 800 livres de laines par jour, et le 1ᵉʳ octobre 1827, de 1,500 à 2,000 livres par jour.

RÉSUMÉ.

La France, sous le climat le plus varié et le plus heureux, avec un sol très - fertile, est cependant tributaire de tous les états voisins; elle importe de l'étranger du blé, des bestiaux, et surtout des moutons, et des étoffes de laine dont elle devrait approvisionner une partie de l'Europe, si les diverses branches de l'agriculture et des manufactures prenaient une extension convenable.

La race de mérinos naturalisée en France dans le dernier siècle, long - temps dédaignée, s'est répandue tout-à-coup avec autant de rapidité et d'irréflexion qu'une mode. Cette race précieuse ne fournit qu'une sorte de laine qui est, à la vérité, très-fine, élastique, mais spécialement bonne à la carde et aux étoffes qui doivent être plus ou moins drapées et feutrées.

Les tapis, les tricots, la bonneterie, la flanelle, les bombosines, les poils de chèvre, exigent une laine longue, droite, douce, soyeuse, moelleuse, blanche et brillante, qui est fournie par la race indienne, modifiée en Hollande et en Angleterre par des croisements dirigés avec habileté. Les variétés principales de moutons à laine longue sont nommées du Texel, Dishley, ou New-Leicester, Tees-Water.

On propose de former des troupeaux de laines

longues par des croisements de béliers hollandais
et anglais avec des brebis mérinos et métis de
France se rapprochant le plus de la race à créer.

En mêlant le sang anglais et hollandais des races
à laine longue avec les brebis mérinos de France,
on obtiendra une race sans cornes, comme le bélier; ayant la laine plus douce, plus fine, plus serrée
que celles des races anglaises et hollandaises, plus
longue que celle des mérinos ; des os plus petits et
une plus grande facilité à s'engraisser que ces der-
niers.

Par ces dispositions et sans courir de chance de
perte, une compagnie de propriétaires et de capitalistes associés dans le but d'importer les races
étrangères et de perfectionner celles de France,
parviendrait, en moins de dix ans et avec un capital
de 1,3oo,ooo fr., à former des troupeaux deux fois
plus nombreux que ceux de la Hollande, à livrer
à nos fabriques deux fois plus de laine et de
meilleure qualité que celle importée annuellement
à grands frais de Hollande, d'Allemagne et d'Espagne.

Le succès paraîtra infaillible aux agronomes qui
s'occupent de cette branche d'industrie, puisque
la race à longue laine réussit en Hollande, le pays
qui convient le moins aux moutons; on peut donc,
avec des soins et de l'habileté, tirer parti, dans le
même but, de toutes localités, et élever avec profit
des moutons à longue laine sur toutes les fermes
de France.

Les Hollandais, après avoir conquis leur sol sur
la mer, soumettent à une terre humide, à un climat

pluvieux, les plantes et les animaux des montagnes, et font également prospérer les mélèzes et les moutons dans leurs terres basses et toujours saturées d'eau.

De puissants motifs doivent nous déterminer à profiter de l'expérience acquise par l'Angleterre et la Hollande, et des leçons données par le tableau de nos douanes. Nous devons chercher à nous affranchir de l'étranger, que nous enrichissons par des importations ruineuses de produits naturels à notre sol ; nous devons procurer un travail continu et bien récompensé, des vêtements peu coûteux et sains à la population d'une partie du royaume, presque nue et dans la détresse.

En augmentant de plusieurs millions le nombre de moutons, la terre mieux fumée, plus féconde, donnera plus abondamment du lin, du chanvre et les autres produits que nous importons à grands frais et pour des sommes plus élevées que la moitié de l'impôt foncier. Nous fournirons alors, à nos fabriques, des laines et autres matières premières en abondance, à bon marché : dans peu d'années, les étoffes de laine remplaceront généralement celles de coton, qui n'ont ni la force ni la durée des toiles de lin, ni l'élégance ni les qualités sanitaires des étoffes de laine.

Pour contribuer autant qu'il était en mon pouvoir à un but si utile, j'ai importé des moutons hollandais et anglais à longue laine, et entrepris une série de croisements dont les premiers résultats font espérer les races les plus convenables et les plus productives dans un grand nombre de localités.

En même temps une association nombreuse, choisie dans les classes les plus éclairées de la société, a établi une fabrique pour la filature et le tissage des laines longues. L'emploi considérable de ces laines dans cette fabrique contribuera à la prospérité des établissements agricoles où l'on élèvera des moutons de cette race, et à la création de nombreux ateliers de tissage, par l'attrait de profits certains et plus élevés.

Dans la fabrique de Marcq, les laines longues seront préparées, peignées, filées et tissées au moyen de machines qui économiseront le temps et les mains d'œuvre. Les premiers succès nous donnent la garantie que les espérances conçues seront réalisées.

En indiquant les avantages à retirer des moutons à longue laine, nous n'avons pas proposé l'exclusion des autres races; nous jugeons seulement celles-ci plus avantageuses et les seules admissibles dans certaines localités.

La race south-down à laine courte, tassée, élastique, fine, ayant des formes élégantes et tous les caractères qui annoncent la force, la santé et la facilité de s'engraisser, doit être préférée dans les pays secs, élevés et montueux. Elle se nourrit bien et réussit sur des pâturages où des moutons de plus haute taille resteraient dans un état stationnaire et de dépérissement. Quoique les south-down pèsent souvent autant et même plus que ceux de plus grande taille de dishley; ils paraissent moins lourds en raison des belles proportions qui distinguent cette race.

Quelques richesses que promettent à la France l'importation et l'éducation de ces races, on ne doit pas se dissimuler que beaucoup de causes s'opposent à la réussite de cette amélioration nationale.

1° La culture des terres est abandonnée à des fermiers sans avance, sans instruction, n'ayant ni la chance ni l'espoir d'un heureux avenir.

2° Les grands propriétaires et capitalistes qui seuls pourraient tenter et obtenir le perfectionnement de l'agriculture et particulièrement des races d'animaux domestiques, résident dans les villes; ils confient leurs domaines à des gérants et les vendent après avoir renoncé au séjour de la campagne dont ils sont pour ainsi dire repoussés; l'administration ne leur laisse aucune fonction utile à remplir, et les impôts de toute nature qui pèsent sur le sol réduisent le revenu d'un capital placé en terres à moins de moitié de l'intérêt donné par les mêmes sommes mises en rentes de l'état.

3° La plupart des départements sont couverts de forêts aménagées conformément aux réglements des temps barbares, où la science de l'agriculture et toutes celles naturelles qui s'y rattachent étaient encore inconnues. Le système ordonné par les réglements qui défend de cultiver les arbres, d'en alterner l'essence, de choisir les espèces les plus convenables, les plus profitables dans chaque localité, ôte tout espoir d'améliorations agricoles. Les arbres ont besoin, comme les céréales, d'être soignés, essartés, labourés; il faut les semer ou les planter, les éclaircir, enlever les plants tortueux et ceux de mauvaise essence, n'admettre que des arbres de futaie suffisamment espacés, et établir sur toute la surface des prairies ou pâturages.

En transformant ainsi les forêts, dans les pays de plaine, en futaie sans taillis, on obtiendrait des arbres plus beaux, de meilleure qualité, en plus grand nombre, et des produits en herbages qui dépasseraient ceux donnés par les taillis sans futaies.

Si on laissait en France, comme en Angleterre et en Belgique, aux propriétaires de forêts, la liberté illimitée d'en disposer à leur gré, de les aménager à leur choix, d'ouvrir à volonté dans leurs forêts des routes spacieuses, d'établir des pâturages sous les arbres de haute futaie, convenablement espacés, le royaume pourrait augmenter de dix millions le nombre des moutons de race précieuse par l'accroissement des pâturages, et par la facilité de détruire les loups, qui rendent maintenant toute spéculation de ce genre imprudente et impossible.

Les améliorations proposées dans cette notice, et les moyens indiqués pour y parvenir, ne paraîtront pas d'une exécution difficile; puisque les mêmes résultats ont déja été obtenus en Écosse dans les circonstances les plus défavorables.

L'Écosse, sous le ciel le plus âpre, avec un sol montueux et aride, était encore dans le milieu du dernier siècle étrangère aux arts et aux manufactures, et pour ainsi dire séparée par ses habitudes, comme par ses hautes montagnes, des pays civilisés. La population sans instruction, habituée aux aliments les plus grossiers, à peine vêtue, formait avec celle de l'Angleterre les contrastes les plus affligeants. Les propriétaires de l'Écosse les plus in-

6

fluents par les talents, les richesses, et surtout par
les services rendus à l'état, formèrent une association
dans le but de perfectionner l'agriculture et les manufactures, et de rendre par l'instruction le peuple
meilleur et plus heureux; ils établirent des écoles,
des bibliothèques publiques, des ateliers, sous la direction des plus habiles professeurs; ils importèrent
les machines les plus parfaites, les races d'animaux
domestiques les plus précieuses, et sont parvenus à
dépasser leurs voisins de l'Angleterre dans toutes
les branches de l'industrie. Maintenant l'Écosse est
en possession de fournir à la Grande-Bretagne les
mécaniciens les plus habiles, des modèles dans les
applications des arts à l'agriculture et aux manufactures; elle offre sur tous les points, au voyageur
étonné, le spectacle de l'aisance, de la prospérité et
du bonheur.

La France, au milieu des ressources variées et inépuisables que la nature lui a prodiguées, pourrait-
elle consentir à rester long-temps encore tributaire
des nations voisines les moins favorisées; à importer
chaque année pour cent cinquante millions de hou-
blon, de blé, lin, laines, moutons et autres produits,
qu'elle devrait au contraire exporter comme excé-
dant de sa consommation? Voudrait-elle plus long-
temps enrichir, par son imprévoyance, la population de l'Allemagne, de la Suisse, de la Belgique,
de l'Angleterre, lorsque la moitié de celle du royaume
manque des objets les plus nécessaires et vit au milieu des privations? Se bornerait-elle à conserver la
supériorité qu'elle s'est acquise dans les lettres et les
beaux-arts, et à rester spectatrice des efforts in-

croyables tentés avec succès par la Grande-Bretagne pour instruire et enrichir les dernières classes du peuple, et étendre de plus en plus sa puissance sur le globe?

Au milieu du mouvement général qui pousse les hommes à un meilleur avenir, et que favorise la paix, il est certain que l'indifférence et l'inactivité d'une nation assureraient le triomphe des puissances rivales; il faut, ou avancer, ou se soumettre à la volonté des plus habiles et au hasard des évènements. Mais tel ne sera pas le sort de la France : chaque année constate les progrès de la civilisation et le triomphe des lumières sur l'ignorance. Les préjugés les plus funestes disparaissent; des sentiments élevés prédominent; et la mode même se plie à la raison, en adoptant les inspirations généreuses des plus augustes personnages et en suivant la marche tracée par eux.

S. M., en encourageant les associations utiles par des dons ou des souscriptions, les a rendues nationales, et a plus fait pour la prospérité du royaume qu'en retranchant plusieurs millions du budget. Les hommes les plus élevés, les plus honorables, s'inscrivent dans toutes les entreprises utiles à l'état, et s'inquiètent moins des intérêts à retirer que des avantages à espérer pour le public; ils assistent aux réunions où se trouvent des hommes placés dans les diverses positions de la vie, ayant toutes les nuances d'opinions; les plus habiles apportent leurs lumières; les plus dignes, la puissance de la raison et de la considération; tous sortent satisfaits, meilleurs et plus Français, de ces assemblées libres où se perdent les anciennes animosités.

Nous proposons de former une société ayant pour but, soit directement, soit par des encouragements, d'affranchir l'état des importations en moutons, laines, étoffes de laine, etc., et nous sommes heureux d'annoncer que les personnes les plus honorables ont offert d'entrer dans cette association.

NOTE SUR LES MOUTONS SOUTH-DOWN.

Nous avons proposé de former des troupeaux de moutons à laines longues, sans attribuer à ces races des qualités supérieures à celles des mérinos et autres. La laine longue nous manque; nous en importons, ainsi que des moutons de la Hollande, pour des sommes très-élevées; mais on agirait imprudemment en remplaçant généralement, par cette race, les troupeaux bien choisis de mérinos de sang pur et de métis très-perfectionnés.

L'Angleterre possède une race à laine courte que la plupart des fermiers estiment plus que celles de Dishley et New-Leicester, et même de Norfolk. Ces moutons ont en effet des qualités rares qui doivent les faire rechercher en France.

Le south-down est sans cornes, bas sur jambes; il a le coffre vaste, le devant très-ouvert, les pieds et l'extrémité de la tête noirs ou tigrés; il est vigoureux, robuste; il résiste également bien au froid, à la chaleur, à l'humidité; s'accommode de toute nourriture, et s'engraisse facilement même sur des pâturages aigres et de mauvaise nature : la laine est courte, fine, tassée, frisée, nerveuse, et préférée à toutes les autres pour la carde et la draperie; la chair est délicate, très-estimée. Dans les pâturages, le south-down est paisible; il mange ou se repose, et gâte peu l'herbe. Il ne cherche pas à sortir des parcs et enclos, où il se laisse difficilement saisir.

La race south-down est considérée comme celle qui gagne le plus en chair et en graisse dans un temps et avec une quantité donnés de nourriture.

Ainsi elle réunit la beauté des formes à la bonté de la chair et à la supériorité de la laine destinée à la carde.

Quelques propriétaires cependant, estimant plus la race dishley, ont fait, avec les partisans des south-down, des paris considérables qui ont donné lieu à des recherches et des expériences instructives que tous les cultivateurs ont intérêt à connaître.

Les faits suivants sont constatés par les hommes les plus considérables et les plus honorables de l'Angleterre.

Le duc de Bedfort, voulant s'assurer quelle race supportait le mieux le froid et la faim, mit en expérience, le 30 novembre, sept moutons des quatre principales races anglaises.

Ces moutons furent enfermés le 30 novembre, et laissés tout l'hiver dans un enclos, où on ne leur donna que du foin, et en petite quantité, qu'on jetait sur la neige. Le 28 avril suivant, ils furent pesés de nouveau, et on trouva les nombres ci-après :

7 moutons South-Down pesaient le 30 oct.   795 8, le 7 avr. 748   2
7 id. de New-Leicester ....   id......   887 5, id....   815   9
7 id. de Colteswold ....   id...... 1106 2, id.... 1007 14
7 id. de Wiltshire.........   id...... 1151 13, id.... 871 11

Ces résultats font connaître que les moutons south-down sont plus robustes, puisqu'ils ont moins perdu et ont mieux résisté au froid et à la faim.

On mit trois moutons de chaque race aux turneps, le 1er novembre; on leur donna du foin en petite quantité, et on les pesa le 7 avril.

Les trois moutons de South-Down, pesant... 355, ont gagné 38
Ceux de Leicester .... 408, ont perdu 8
Ceux de Colteswold.................... 309, ont gagné 11
Ceux de Wiltshire. 501,   id.   37

On a cru reconnaître que les moutons de Leicester avaient la pourriture; ainsi il ne faut pas tenir compte des résultats obtenus pour cette race.

Un mouton de chaque race fut tué, et on trouva que, sur un poids de 136 liv. 14 onces en vie, les quatre quartiers du south-down pesaient 83 livres, et que le rapport de la viande aux os et débris était plus grand que pour les autres.

Les nourrisseurs les plus habiles pensent que la bonne qualité de la viande et de la laine dépendent également de la santé des moutons. Ils savent reconnaître à l'examen d'une toison, si le mouton a souffert, et en déterminent même l'époque de l'année; la laine qui touche alors le corps est jaune, sèche, sans nerf et sans force; les brins tirés par leurs extrémités se cassent tous au même point. L'animal qui s'engraisse produit une laine plus moelleuse et plus nerveuse; et toujours la laine des moutons gras est supérieure à celle des moutons maigres de même race.

Les moutons south-down ont été soumis à un

grand nombre d'expériences. On a trouvé qu'un mouton south-down, entretenu sur une montagne jusqu'à l'âge de deux ans, sans provision d'hiver, avait parfaitement résisté au froid ; que son poids en vie était de 121 liv. 14 onces, et celui de la viande et du suif de 77 livres.

Le poids d'un autre south-down en vie a été trouvé de 163 livres : et celui de la viande et du suif de 117 livres.

Il a été constaté que les moutons south-down sont, de toutes les races, ceux qui perdent le moins, relativement, lorsqu'on les fait jeûner vingt-quatre heures ; ce qui donne droit de présumer qu'ils prennent moins d'aliments, ont moins besoin de nourriture et consomment moins.

Les south-down étant, de tous les moutons de l'Europe, les plus vigoureux, les plus bas sur jambes, relativement à leur grosseur, sont aussi ceux qui conviennent le mieux dans les contrées élevées de la France, sur les pentes crayeuses et rapides, comme en Angleterre où on les préfère.

Quoique l'excellente race de south-down se conserve mieux en santé sur des pâturages arides, ce n'est pas un motif pour les mal nourrir : le poids des toisons et de la viande, la qualité de la chair et la santé des bêtes dépendent entièrement de la qualité et de la quantité des aliments donnés. Ainsi, mieux on nourrira les south-down, et plus on obtiendra de bénéfice.

J'ai importé d'Angleterre, et je conserve depuis trois ans, des moutons south-down qui ont parfaitement réussi dans les pâturages les plus différents.

Ils s'entretiennent en bon état, et s'engraissent au milieu d'un troupeau de mérinos moins bien portant; et cependant les localités où j'ai dû les entretenir sont sans contredit les moins favorables : dans l'une, le sol est trop bas, trop couvert, trop humide pour cette race qui a besoin d'air, d'espace, et de vivre dans les parcs, même en hiver; dans l'autre, le terrain, presque crayeux, est trop aride.

D'après les documents recueillis, il paraît constaté que les moutons south-down, conservés purs ou croisés, donneraient trois fois plus de bénéfice que les moutons communs, et deux fois plus que les mérinos, parce que les moutons mérinos et indigènes s'engraissent moins vite, et fournissent moins de viande et de laine avec la même quantité de fourrage.

Quoique la race south-down soit très-répandue en Angleterre, les prix de vente et de location des animaux de choix sont encore très-élevés. On doit par ce motif chercher à répandre cette race en France, au moyen des croisements des béliers south-down et des brebis mérinos. Les résultats que nous avons obtenus sont très-satisfaisants. Nous en rendrons compte après les avoir plusieurs fois renouvelés.

7

EXPLICATION DE LA PLANCHE.

La figure première indique l'emplacement de la fabrique de Marcq sur les bords du canal de Roubaix et de la route royale de Lille à Anvers.

Le canal de Roubaix s'embranche près de la fabrique sur celui de la Deule, qui tombe dans la Lys, et communique par elle avec des canaux et ports de l'arrondissement de Dunkerque. La Deule s'unit aussi à la Scarpe et au canal de la Sensée, et par ces rivières à l'Escaut et à tous les canaux intérieurs de la France, de la Belgique et de la Hollande.

Les figures 2, 3 et 4 représentent le plan, l'élévation, la perspective de la filature.

Les échelles serviront à donner connaissance des détails qu'on se propose de publier plus tard.

Les façades sur la rue et sur le canal sont achevées; le rez-de-chaussée et la grande fabrique intérieure sont avancés. Une première machine à vapeur de la force de vingt chevaux fait aller les premiers métiers. Les constructions seront achevées à la fin de 1826.

TABLE

DES MATIÈRES.

FIN DE LA TABLE DES MATIÈRES.

FILATURE DE MARCQ EN BARŒUL, PRÈS LILLE.

PERSPECTIVE.

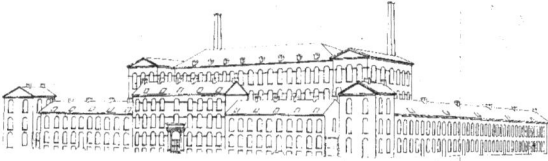

ÉLÉVATION DE LA FAÇADE PRINCIPALE SUR LA GRANDE ROUTE DE LILLE À ANVERS.

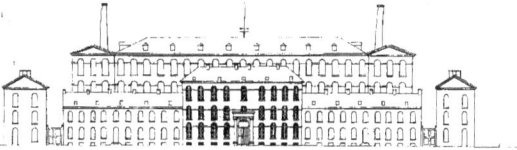

Echelle de 40 Mètres

PLAN DE LA FILATURE.

Echelle de 100 Mètres.

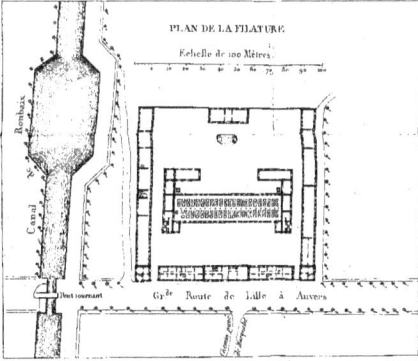

EXTRAIT DE LA CARTE DES ENVIRONS DE LILLE

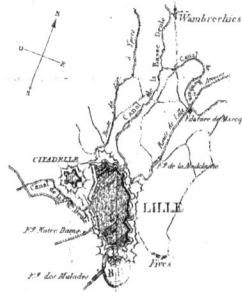

Gde Route de Lille à Anvers.

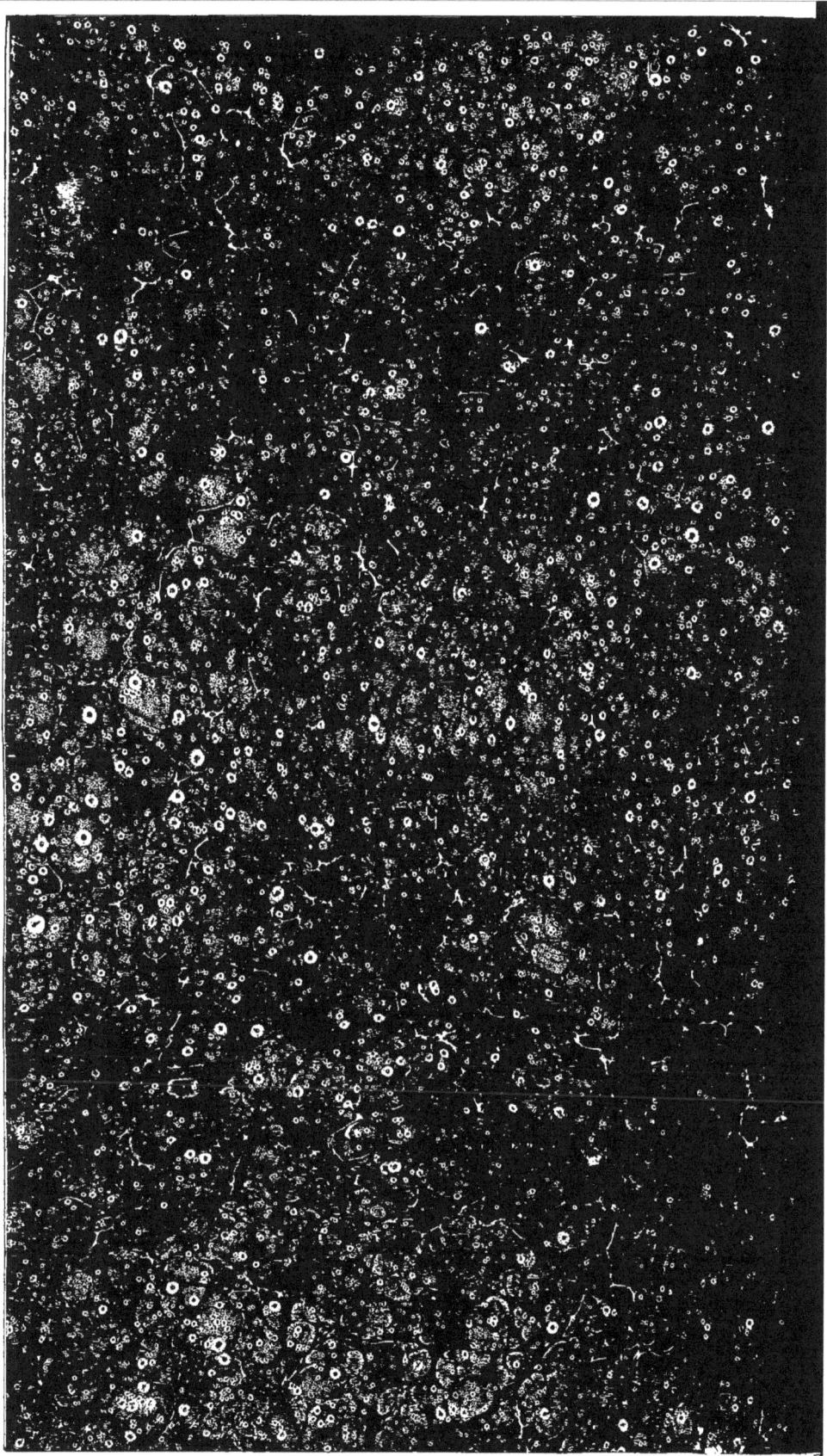

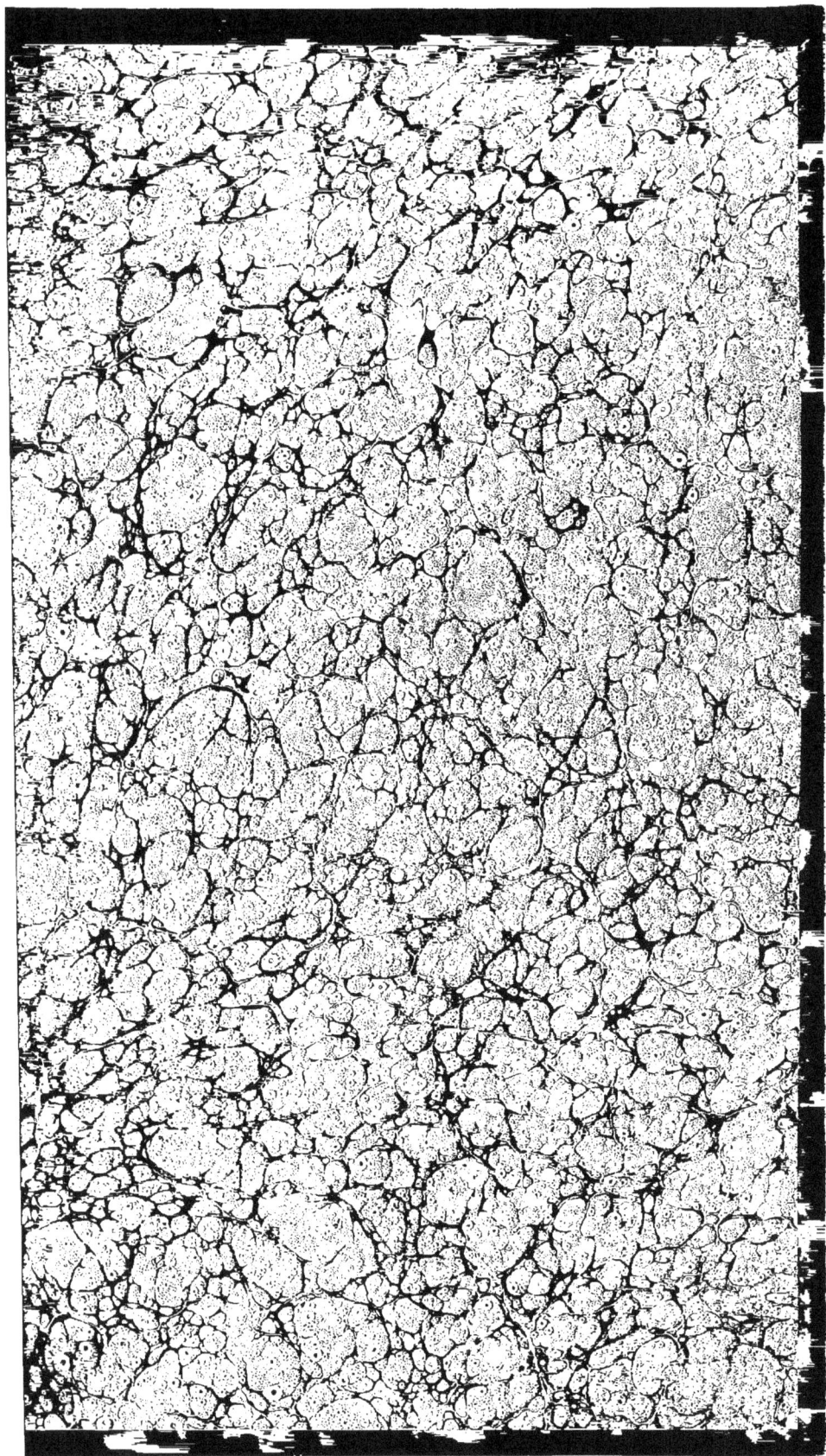

www.ingramcontent.com/pod-product-compliance
Lightning Source LLC
Chambersburg PA
CBHW062032200326
41519CB00017B/5015